周口店野外地质实践教学国家级示范中心建设
国家地质学理科基地专项基金(J0630538)
周口店野外地质实践教学国家级精品课程
周口店地学野外实践教学资源电子化建设
联合资助

周口店双语野外地质学指南

Bilingual Geological Field Guide to Zhoukoudian

袁晏明　赵温霞　著

英文翻译　魏　璇　袁晏明　汤　艳
校　　译　Roger Mason

中国地质大学出版社
ZHONGGUO DIZHI DAXUE CHUBANSHE

图书在版编目（CIP）数据

周口店双语野外地质学指南（汉英对照）/袁晏明，赵温霞著．—武汉：中国地质大学出版社，2010.9

ISBN 978-7-5625-2450-2

Ⅰ．周…

Ⅱ．①袁…②赵…

Ⅲ．周口店（考古地名）-区域地质-指南-汉、英

Ⅳ．P562.13-62

中国版本图书馆 CIP 数据核字（2010）第 061511 号

周口店双语野外地质学指南

Bilingual Geological Field Guide to Zhoukoudian

袁晏明　赵温霞　著

魏　璇　袁晏明　汤　艳　英文翻译

Roger Mason　校　译

责任编辑：胡珞兰　刘桂涛　　责任校对：张咏梅

出版发行：中国地质大学出版社（武汉市洪山区鲁磨路 388 号）　邮编：430074

电　话：（027）67883511　传真：（027）67883580　**E-mail**：cbb @ cug. edu. cn

经　销：全国新华书店　**http**：//www. cugp. cn

开本：787 毫米×1 092 毫米 1/16　　字数：253 千字　印张：9.875

版次：2010 年 9 月第 1 版　　印次：2010 年 9 月第 1 次印刷

印刷：武汉中远印务有限公司　　印数：1—2 000 册

ISBN 978-7-5625-2450-2　　定价：21.00 元

nals and materials about their major easily during their undergraduate, and keep abreast of the frontiers of geology. This interactive use of language encourages students to have an opportunity to work alongside teachers and students whose native language is not Chinese.

With these points in mind, this book sets out to present three aspects of Zhoukoudian geology as follows: ①a general introductory survey of Zhoukoudian and its adjacent area, aiming to give students who come to practice fieldwork a fundamental understanding; ②several typical geological localities (area section) are provided to foster students' skills in recognizing, describing and explaining typical geological phenomena; and ③ small special research are established according to the classic geological sites in Zhoukoudian, aiming to widen students' knowledge, improve their interest in practical teaching and foster their creativity and awareness of scientific research and geological ideas.

This teaching material has benefited greatly from other teaching and research projects, including: the national scientific base special fund, the national model center established for Zhoukoudian field geological practical teaching, and Zhoukoudian field practical teaching resources of geology for establishing an electronic information database. Yuan Yanming is the chief editor and the Chinese section was assigned as follows: preface by Yuan Yanming and chapters one, two and three by Zhao Wenxia and Yuan Yanming; the English section was compiled and translated by Wei Xuan, Yuan Yanming, Tang Yan and others; professor Roger Mason revised the English translation and the whole book was revised and finalized by Yuan Yanming. The vice president of CUG professor Ouyang Jianping and the following university leaders offered kind advice and support during the process of writing: Yang Lun, director general of educational administration; Li Pengxiang and Pang Lan, the two vice director generals of educational administration; professor Du Yuansheng, dean of the Earth Sciences Faculty; professor Yang Kunguang, vice dean of Earth Sciences Faculty; and many others. All the teachers of the Department of Structural Geology gave the authors a great deal of help, instruction and encouragement, providing lots of original insights and information. We record our sincere acknowledgments to everyone involved.

Any remaining errors are the authors' responsibility. We realise that despite many years of field research and practical teaching in the Zhoukoudian area we are far from completing the immense task and so we welcome criticism and ask our readers to point out deficiencies and mistakes for correction in future editions.

The Authors

May, 2009

前　言

周口店因其为“北京猿人遗址”而闻名于世，“北京人”更是天下皆知。其周边地区拥有许多其他显著的地质学特点，以致成为继续研究的课题，作为教育资源广泛地为国内学校和大学利用。该区地学研究史已逾百年，涉面之广、程度之深、成果之丰在国内实属罕见。2006 年，联合国教科文组织宣布此地为世界地质遗址。野外地学教育史亦近百年，早在 1954 年中国地质大学（原北京地质学院）正式创建野外实习基地以来，长期接纳 10 余所大专院校师生进行野外地质实习，培养了数千名学生。1974 年，周口店被指定成为首个中国国家野外地质训练点，随后许多科研、生产单位在此培养学员和干部；外国地质代表团、留学生亦来基地观摩访问，其中有些还参与实践教学活动。2006 年中国地质大学周口店野外实践教学课程先后被评为国家精品课程和湖北省精品课程，并被国家科学基金委定为国家理科基地和实践教学点。因此，这里被誉为“地质工程师和地球科学家的摇篮”。**中国地质大学隆重举行周口店实习站建站五十周年庆典活动之际，中国地质大学 1960 级校友、国家总理温家宝于 2004 年 7 月 17 日亲笔题字“摇篮”以示祝贺，对中国地质大学周口店野外实践教学以充分肯定，并给予殷切期望。**

在实践教学过程中，中国地质大学教师曾在此为提高野外实践教学方法付出了几代人的艰辛劳动，陆续编写了各种层次不同版本的教学实习指导书，研究了野外教学方法与地学教育资源，并考察出数条国际参观路线，这些成果极大丰富了实习基地的教学内容。但是，在面向 21 世纪的进程中，为培养新型的、与国际接轨的地学人才，使学生在系统掌握常规野外地质调查和研究所具备的基本知识、基本方法和基本技能的同时，在野外也能得到理解和使用英语的训练。双语野外地质教学鼓励学生使用英语进行实践交流，从而可以提高学生的英语水平，同时增强学生阅读外文专业期刊的能力，使学生在本科阶段就能够较顺利地查阅有关本专业的外文期刊与资料，跟踪地质学前缘。这样通过语言交互式的使用，鼓励学生们有机会和那些母语不是汉语的教师和同学们创造性地交流并一起工作。

鉴于此，本教材的特色体现在 3 个方面：①对周口店及其邻区区域地质概况进行了介绍，其目的是使来周口店实习的学生对周口店有初步的了解；②提供若干个典型地质观察研究点（区段），以培养学生对典型地质现象的认识、描述和解释；③针对周口店典型地质遗迹设立小型专题研究，旨在拓宽学生的知识面、提高实践教学兴趣、培养科研意识及地质思维和创新能力。

本教材得到了国家地质学理科基地专项基金、周口店野外地质实践教学国家级示范中心建设、周口店地学野外实践教学资源电子化建设等项目支持。本教材由袁晏明担任主编，中文部分编写分工如下：前言，袁晏明；第一章、第二章、第三章，赵温霞、袁晏明；英文部分由魏璇、袁晏明、汤艳等完成初稿，R. Mason 教授作英文校译；全书最终由袁晏明统稿。在本书编写过程中，中国地质大学（武汉）副校长欧阳建平教授、教务处长杨伦教授、李鹏翔、庞兰副处长、地球科学学院院长杜远生教授和副院长杨坤光教授等领导均给予热情关心和支持；构造地质系全体老师均给笔者极大帮助、指导和鼓励，无私提供了诸多研究成果和资料，在此一并表示真诚谢意。

编者对遗留下来的任何问题都应负有责任。尽管我们在周口店地区进行野外研究和参与实践教学多年，但仍感到完成此项严肃任务之水平有限，不足甚或错误之处恳望批评指正。

编　者

2009 年 5 月

Preface

Zhoukoudian is famous throughout the world as the discovery site of the remains of *Homo erectus pekinensis*, known outside China as "*Peking Man*". The surrounding region has many other outstanding geological features that are subjects of continuing research and also widely used as educational resources by China's schools and universities. The area has over one hundred years' history of geological research, a wide of ranges, tha depth of the extent and a host of results, which is unique in China. UNESCO declared the site a World Heritage Geological Site in 2006. Use of the area for field geological education also goes back nearly one hundred years. A field study centre was established by China University of Geosciences (CUG, then called Beijing College of Geology) in 1954 and was used by teachers from over 10 universities and colleges for field work training to prepare thousands of students. In 1974 Zhoukoudian was the first site to be designated as a Chinese national geological field training area and subsequently many scientific research units and production units have trained teachers and cadres here. Foreign geological delegations and foreign students have visited the centre on field tours and some have participated in practical teaching. In 2006 CUG's Zhoukoudian field practical teaching course was assessed as an outstanding national course as well as an outstanding provincial course in Hubei Pro vince. The Chinese National Science Foundation has nominated Zhoukoudian as a national scientific base and practical teaching site. It can truly be called "the cradle of China's geologists and geological engineers". **On the celebration of the 50th anniversary of Zhoukoudian Practical Station in China University of Geosciences, our schoolfellow and the State Premier Wen Jiabao has handwritten inscription "cradle" to express congratulations on 17 June, 2004. It fully affirms China University of Geoscience (Wuhan) Zhoukoudian field practical teaching and gives the earnest expectations.**

For several generations, CUG teachers have made strenuous efforts to improve field practical teaching methods at Zhoukoudian, writing several editions of teaching practical guides of different levels and researching field teaching methods and geological education resources, also investigating several international tour routes. These results have largely enriched the teaching content of practical base. However, in the changing conditions of the 21st century, there is an even greater demand for fostering new geological field skills to the highest international standards. We need to help students to master systematically not only the basic knowledge, methods and skills of conventional field geological investigation, but also to train them to be able to understand and use the English language in the field. Bilingual geological field teaching provides a vehicle to improve students' general English level by encouraging them to use the language for practical communication. It enhances their ability to read and understand English language scientific journals so that they can consult foreign jour-

目 录

Contents

第一章　实习区基本概况

周口店实习区位于北京市西南约50km，中国地质大学实习基地设在周口店镇内，是举世闻名的“北京猿人遗址”所在地，行政区划属北京市房山区管辖。京原铁路斜贯实习区域，沿线良各庄、孤山口、十渡各站均布有教学观察点；京广铁路的琉璃河站则有工矿支线与周口店相连。公路交通主要有莲花池—张坊、天桥—房山等干线与北京市相通；周口店到各实习场所均有乡村级公路通行，交通十分便利（图1-1），从北京西客站乘917公共汽车可直接到达。

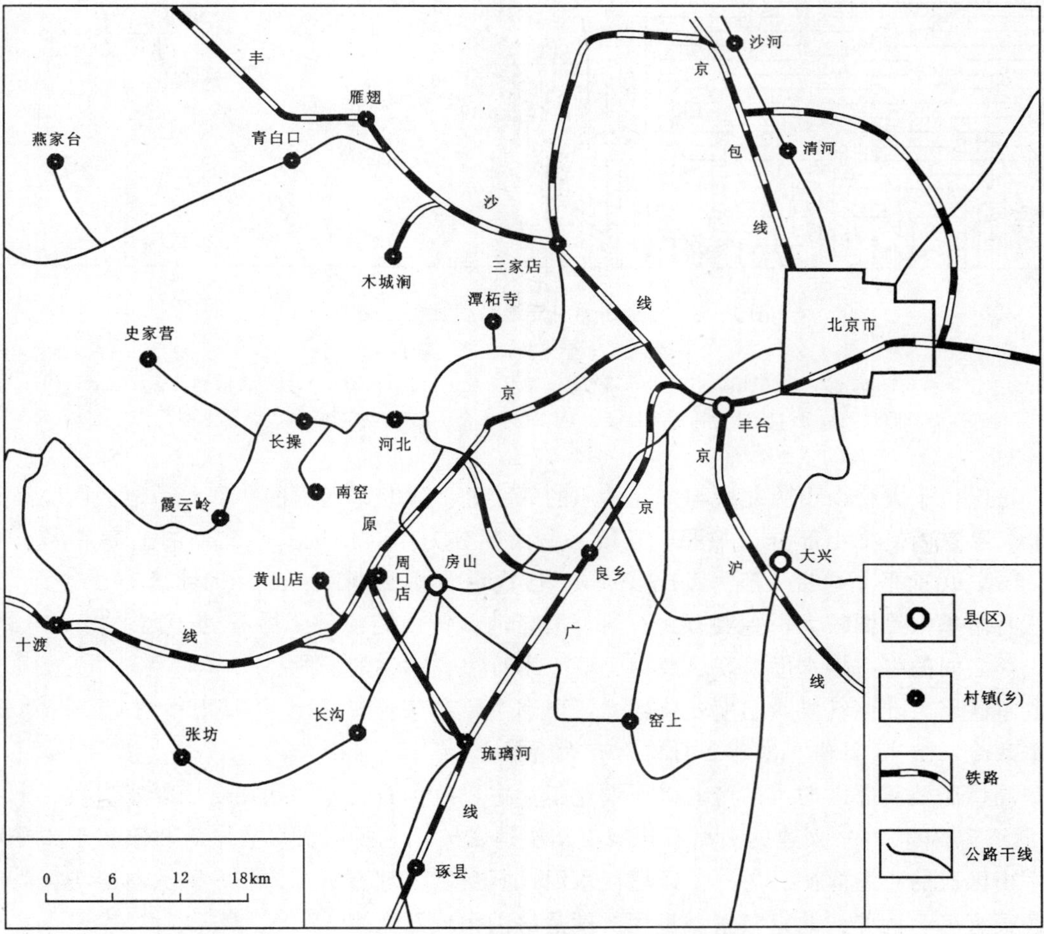

图1-1　周口店实习基地交通路线图
（赵温霞、李方林，2003，略修改）

实习区基础教学路线和独立实践区主要集中分布在房山以西、黄山店—孤山口一线以东的周口店镇附近，少数区域地质参观路线可北延门头沟，西至十渡等处（图1-2）。

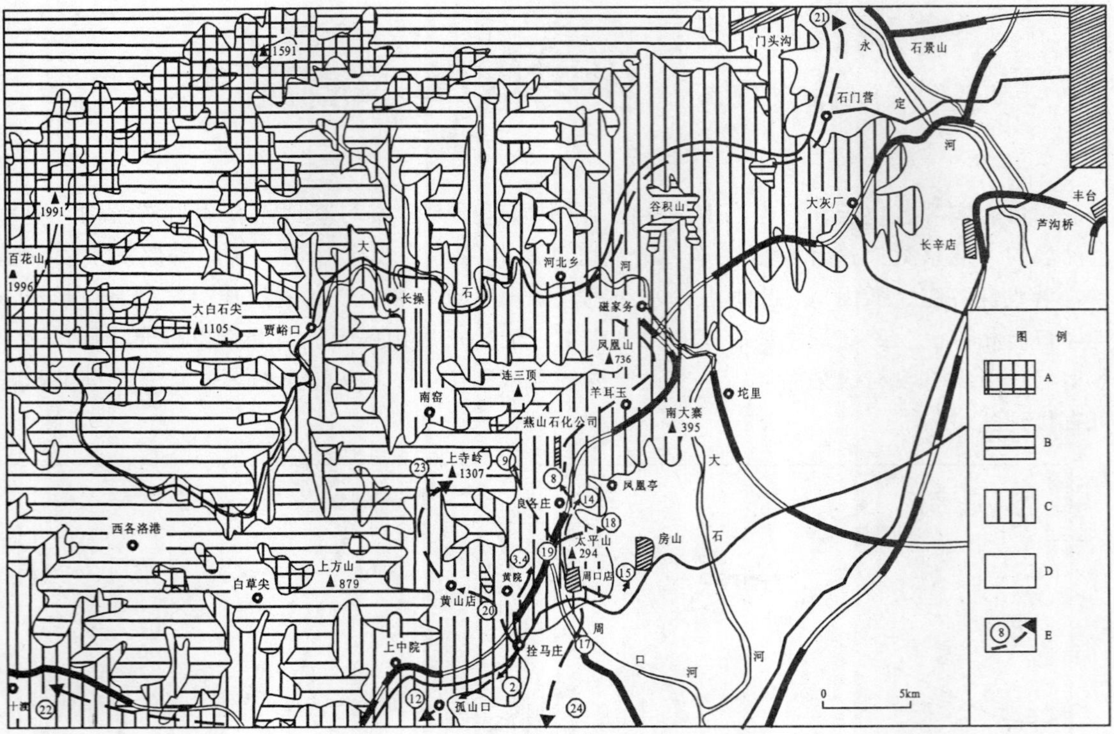

图 1－2　北京西山南部地势图及实习路线分布图

（赵温霞、李方林，2003，略修改）

A. 中山区（＞1 000m）；B. 低山区（1 000～500m）；C. 丘陵区（500～100m）；D. 山前倾斜平原区（＜100m）；

E. 教学路线及编号（除㉔为韩村河社会调查路线外，余者编号与正文吻合；其他图例参见图 1－1）

该区位于太行山山脉北段与华北平原的邻接处，属北京西山的一部分。地势西北高、东南低，除东南侧一小部分为平原、丘陵外，大部分为中高山区。中北部的上寺岭海拔高程 1 307m，山前平原地带一般为 50～100m。区内河流多为间歇河，平时水量很少甚至干涸，七八月雨季水量则较大，主要有大石河、周口河、黄山店河等。另有处于太平山、向源山、房山西之间的牛口峪水库，现已成为工业废水排泄、净化的场所。

本区属大陆性气候，温度变化较大，雨季主要在 7—8 月份，年降雨量约 650～700mm。冬季寒冷，从 11 月份至次年 2 月份常有大雪封山。

周口店及其邻区的工矿产业以石油化工为主，燕山石化公司建在房山复式岩体之上，是 20 世纪 70 年代以来兴建的大型石化城。其次是煤矿，主要有长沟峪煤矿和散布于太平山—升平山区段的小型煤矿。另外，还盛产水泥、石灰、大理石、花岗岩、耐火材料等，其中有些还很有名，例如：北京紫禁城里用的就是房山大理石（图 1－3）。

农业以小麦、玉米为主，山区则有较丰富的柿子、核桃、苹果等干鲜水果。

本区旅游资源丰富且品位甚高，周口店龙骨山是举世闻名的“北京猿人”发源地，而云居寺、兜率寺、云水洞、石花洞以及十渡等处则是人文与自然景观游览的极佳场所。

近年来，随着地质研究程度不断地深入，在本区又发现了很多典型而精彩的地质遗迹，业已逐步开发出 10 余条集研究—教育—科普—旅游为一体的多功能地学路线。

图 1 - 3　北京市紫禁城内房山大理石雕刻石块（2007 年 7 月）

第二章 教学程序及实习目的与目标

一、教学程序

教学过程分为 5 个阶段：①准备阶段，包括进站时要进行实习动员，介绍周口店地质概况，预先阅读野外工作安排和要求，安全事项及地质保护事宜等；②路线地质教学阶段，教师示范后，学生对选出的路线做地质学特征的重要纪录；③实践阶段，没有教师的直接指导，学生能自主地观察；④编写实习报告阶段，学生在独立的地图和实践报告上概述观察结论；⑤经典地质遗迹及小型专题研究阶段，教师和学生对经典地质遗迹进行讨论，学生对相关课题进行研究。教学过程还要穿插一些社会实践调查以及社会教育活动。

实习考核成绩：成绩为 100 分制，成绩单与学校室内相同，一部分来自完成野外任务的分数，一部分为教师对学生野外地质技能的评价。教师要做一个平时成绩记录表，表中分多项，如野外表现、记录情况、素描图、路线考查、室内整理、各种图件、文字报告等，最后归纳成 5 个平时成绩（野外、野簿、考查、图件及报告），给出总成绩。

实习结束时，每班评出 5～6 个优秀实习生，还要发证书。

二、实习目的与目标

1. 准备阶段

1）目的

实习已经学过的地质课程，巩固和加深已经学过的地质基本知识和基本理论，学习和训练野外地质，尤其是地质测量（填图）的基本工作方法和程序，学会编制基本的地质图件，掌握地质测量报告、科研论文和中英文编写格式和规范，培养吃苦耐劳的地质作风，为后续课程和今后从事地质工作打下良好的基础。

2）课程目标的阐释

在课程结束时，学生能利用周口店教学实习基地丰富的地质资源，对学过的地质知识进行全面地实习；能讲授和训练野外地质，尤其是地质填图的基本技能和主要方法，填制 1.2km^{2}的 1∶10 000 的地质图；学会编制基本的地质图件，测制出上古生界地质剖面图，编制出周口店地区地质柱状图、地质实际材料图、地质构造纲要图；初步了解周口店地区地质概况，编写出地质实习报告的具体内容，学习“实习大纲”中的主要教学内容；具备安全健康及地质危险意识，能对紧急事件进行及时处理；做好地质保护工作，对环境的破坏作出恰当的反应。

2. 路线地质教学阶段

1）目的

训练野外地质基本工作方法，初步了解周口店地质概况，培养吃苦耐劳的地质作风。

2）内容

踏勘、参观陈列室、八角寨、黄院、太平山南坡、实测剖面、岩体、羊屎沟、房山西断裂、东区踏勘、孤山口、考察、十渡等教学路线；室内讲课，画实测剖面。大致可以分为地层、岩性和构造3个小阶段。

3）教学方法

开始以教师的讲解为主；然后学生直接进行观察；随着课程的进度，教师的讲解与学生的观察，这种交互式的结合逐步增强；后面大多时间以学生的观察为主，教师则给予偶尔的提示；最后，教师进行总结，鼓励学生从自己的观察中得出结论。

3. 实践阶段

1）半独立实践阶段

半独立实践选在第3条地层路线，该路线分两天进行：第1天学生独立工作，第2天学生向教师汇报实践成果。最后班级进行讨论与修正，集体商量得出共同满意的结论。

室内工作可以从以下几个方面来要求：当天的野外内容当天整理（在地图和笔记本上检查且标记地质点，标示矿石、岩石、化石的主要产状，标本上墨，素描图经检查后上墨）；分阶段进行地层、岩体、构造小结（分班）；作好实测地层剖面图，提前作好地层柱状图；地质学基地班（简称基地班）的学生要把相关资料输入到微机中，以免写报告阶段负担过重。

2）独立实践阶段

（1）目的

掌握野外地质，尤其是地质测量的工作方法，培养独立的野外工作能力，继续培养吃苦耐劳的地质作风。

（2）内容

填制两个小区的独立地质图。牛口峪区：0.4km^2，以断裂为主（3天）；太平山南坡：0.8km^2，以褶皱为主（5天）。

此阶段，每个学生要在地形图上作出上墨的实际材料图。

4. 实习报告编写阶段

1）目的

学会编制基本图件、掌握地质报告、科研论文编写格式和规范。

2）内容

（1）学会编制周口店地区实际材料图、地质图、构造纲要图。

（2）编写实习报告（类似于地质填图报告），基地班的学生还需编写电子报告。

5. 经典地质遗迹及小型专题研究阶段

本阶段是针对基地班在完成路线教学阶段、实践（填图）阶段等各项教学任务并在保证

"四基"（基本教学秩序、基本教学内容、基本教学规范、基本考核标准）的前提下进行。

开展此项教学活动首先应做好选题工作，查阅或向教师咨询有关专题研究现状、前人研究成果和资料。在教师的指导下制定研究计划和程序。选题要结合实际而不能过大、过深，一题至少应有 3 人参加。专题的野外研究和资料收集工作一般安排在实习的中后期，最好与独立填图结合进行，时间 2～3 天。

第三章 地质路线介绍与教学要求

一、导言

路线地质教学是在教师带领指导下进行的。学生通过不同类型的地质教学路线详细观察和实习，应系统掌握常规的地质调查基本工作方法，并对所配备的GPS、数码相机、便携机（笔记本电脑）等进行熟练操作，快速准确地运用计算机辅助填图软件系统采集、存储以及处理各种野外地质信息；同时还要求通过若干条路线教学之后使得学生对实习区的自然地理和地质概况全面进行了解。路线地质教学从单一的地层、岩石、构造教学路线入手，重点培养学生识别和分析地质现象的能力，并进行野外工作方法（包括新技术新方法）的基本训练，即在回答“是什么”的同时初步掌握野外安全操作规程与基本方法。路线教学的方式、方法和手段应具有灵活性，视学生掌握的程度可采用启发式、互动式等。

路线地质教学主要内容有实习区踏勘；地层观察、实测剖面及图件的编制；综合地层柱状图编制；岩石类型及观察描述；典型构造观察；岩体类型描述等，本着先易后难、循序渐进的实习原则和认知规律，其教学进程应大致按上述顺序进行。但若考虑到实习总体工作安排和某些情况变化则可对一些路线的内容进行分解或合并。

为保证教学质量和实习工作有序进行，严格要求和强化训练的教学思想应始终贯穿于整个实习过程中，而路线教学则被视为首要的、关键性的教学环节。因此，每条教学路线实施的前一天，带班教师应将其教学任务、路线、目的、要求及有关注意事项告知于学生，使其思想、业务、装备及物品有所准备；当天出队前列队清点人数及检查相应的准备工作；路线结束后于野外现场列队清点人数，逐人、逐组、逐项对图件、野外记录簿、标本、样品等进行业务教学检查验收，以及逐件对各类仪器进行检查验收；布置当天室内整理的内容和要求；为加深理解，还应根据路线内容提出某些问题供学生讨论思考。

返回基地后对室内工作进行指导、检查和小结，要求学生及时用常规地质方法或计算机软件系统对野外所采集的属性数据、图形数据以及其他相关地质信息进行处理、存储。不合格者进行返工或制定有效措施给予补救。该教学阶段应按地层、岩石、侵入体、构造等内容进行阶段小结，可采用讨论、文字报告和教师讲授或辅导等教学方式进行，以求学生对各项实习内容逐步理解掌握。

二、路线教学前准备工作

该路线为实践教学的第一条野外教学路线，要求带班教师应认真做好以下各项准备工作：

（1）出发前5分钟各班分组列队，组长负责清点人数，班长负责报告全班出勤情况。例如：向教师汇报有学生因病请假等。

（2）检查学生个人学习用品以及以小组为单位配备的仪器等野外必带物品是否齐全。

（3）严格检查学生着装、厚纸袋或背包、常用急救药品等和饮料携带情况。

（4）简介本次路线概况、教学目的及要求；强调教学纪律、安全纪律、群众纪律、保密纪律及其他有关注意事项。

路线前准备工作及列队检查应作为一项教学程序和制度坚持于整个实习过程之中。

路线 1　实习区踏勘

1. 教学路线

煤炭沟—萝卜顶—二亩岗

2. 教学内容及要求

（1）认识实习区地形、地物及了解实习区自然经济地理概况。

（2）了解实习区基础地质、环境地质、旅游地质、第四纪地质、农业地质及地质矿产资源概况。

（3）地质罗盘的使用方法。

（4）纸质地形图的使用和保管。

（5）调试测验 GPS、数码相机、便携式电脑或掌上机等仪器并在数字化地形图上定点。

3. 线路、位置及野外实习基本技能了解

1）煤炭沟口东壁基岩天然露头

（1）了解学生前期野外地质实习中罗盘使用情况，再次复习讲解其结构、使用方法及磁偏角的校正。据 1980 年军测地形图资料得知，实习区的磁偏角为西偏 5°06′。为使罗盘指针读数换算成地理方位角读数，应转动罗盘刻度盘，使基线对准 355°即可。

（2）复习提示岩层（或面理）产状三要素的概念，引导学生正确区分层理和构造面理之差异，寻找较为平整的岩层面独立多次测量产状要素，教师严格检查校正。在图 3－1 中，走向为水平，48° 至 228°之间，倾角为 52°，向下的最大坡度为 138°，此为倾斜方向。因此记录此地层的倾斜方向与倾角为 138°∠52°。

（3）在地层表面、劈理表面、断层面或节理上演示线理的倾伏向与倾伏角（图 3－2）。例如：由于断层运动，断层面上出现了许多线状擦痕。

2）萝卜顶、二亩岗及其附近

（1）讲解纸质地形图的折叠方法及保管要点。教会并演示纸质地形图定位的正确方法，即用罗盘长边与地形图纵边一致且使两者同步转动到磁针北端指向 0°为止，则此时地形图的方位与实际方位一致。引导学生利用地形地物（尤其强调利用微观地形且特征显著者）定点；训练学生掌握 GPS、数码相机和数字化地形图使用方法；利用便携式电脑或掌上机存储所采集的地质信息或资料。

（2）在目之所及的区域内，教师可由远而近（亦可反之）对实习区及邻区的自然地理及地貌情况分区进行介绍：上寺岭（海拔 1 307m）—连三顶（海拔 1 170m）山梁主体高度在

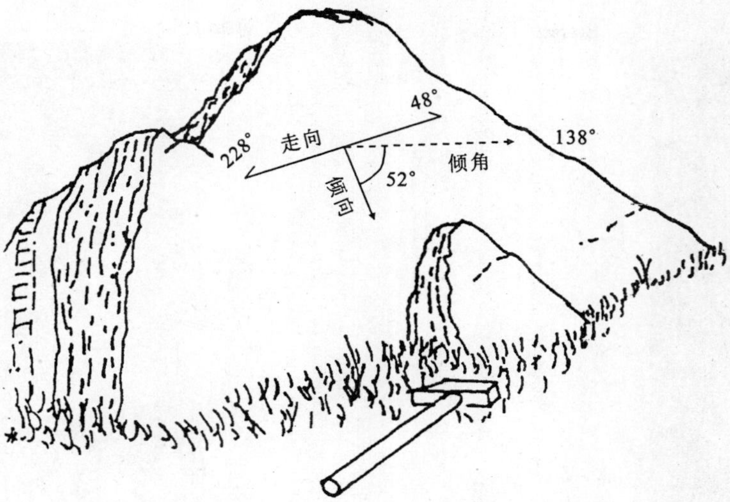

图 3－1　标有倾斜地层的走向、倾斜方向与倾角

图 3－2　线理产状（擦痕面为例）

海拔 1 000m 左右，其东南麓坡脚海拔高度 200m 左右，相对高差大于 500m，属中山区；连三顶东侧的凤凰山（海拔 736m）和上寺岭东南及南侧高度超过海拔 500m 的山区，其切割深度大于 200m，为低山区；南大寨、车厂—长沟峪、升平山、太平山等向北西凸出的弧形地带海拔高度 100～500m，为丘陵区；房山—周口店之东南的平原区海拔低于 80m，则可称为山前平原区。

升平山、太平山之间的周口河源于上寺岭南坡，流向南东经周口店注入华北平原，上游于山口村西侧分为两支，其一为长沟峪河，另一为西庄河。由乱石垅—周家坡—山顶庙—向源山—蘑菇山—房山西—磨盘山—簸箕掌围限的牛口峪水库为工业废水净化的场所。

（3）教师在视野范围内可对太平山、官地、山顶庙、房山西、磨盘山等处（图 3－3；图 3－4）及其附近区域内的基础地质（图 3－5）、环境地质、旅游地质、第四纪地质、农业地质及地质矿产资源给予介绍，重点为地层、构造、侵入岩和地质矿产等内容。

图3-3 教学区全貌一（刘强拍摄，2005）

图3-4 教学区全貌二（刘强拍摄，2005）

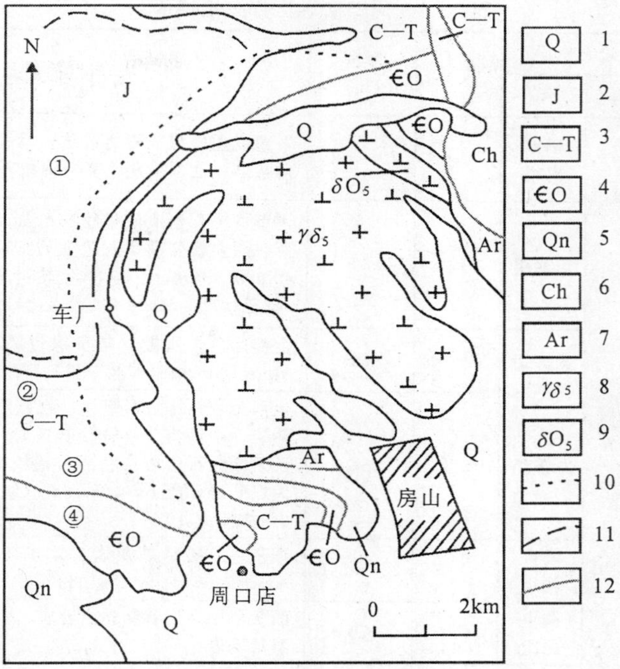

图 3 - 5　北京市房山地质摘要图

1. 第四纪；2. 侏罗纪；3. 石炭纪—三叠纪；4. 寒武纪和奥陶纪；5. 晚元古代；
6. 中元古代；7. 太古代；8. 燕山晚期花岗闪长岩；9. 燕山晚期石英闪长岩；
10. 接触晕边界；11. 燕山期区域变质边界；12. 断层
①极低级变质带；②Cld 带；③St 带；④And 带；

地层发育情况（表 3 - 1）太古宇官地杂岩展布于官地至山顶庙一带，主要岩性为各种片麻岩、浅粒岩、变粒岩、斜长角闪岩等。

中元古界铁岭组展布于一条龙至周家坡一带，房山西附近可见零星露头，岩性为透闪石（硅灰岩）大理岩，局部偶见千枚状板岩之夹层。

新元古界下马岭组分布于一条龙—山顶庙—房山西一带，由板岩、片岩组成；龙山组展布范围同上，但空间连续性较差，主要岩性为变质石英砂岩，由于质地坚硬而构成向源山、蘑菇山、房山西等山峰之脊岭；景儿峪组仅见于一条龙南坡，其岩性为薄层状大理岩。

下古生界府君山组为豹皮灰岩和泥质条带灰岩，在一条龙、羊屎沟以及向源山与山顶庙之间可见出露；馒头组—毛庄组为板岩夹灰岩透镜体，分布范围同上；中、上寒武统（未分）为鲕状灰岩、泥质条带灰岩夹板岩，在三不管沟、山顶庙、房山西均有出露；马家沟组（O_1m）主要岩性为灰岩、白云质灰岩夹板岩，分布于太平山南、北坡及房山西一带。

上古生界除本溪组夹有一层生物碎屑灰岩外，该组及上覆太原组、山西组和杨家屯组构成一套碎屑岩系。

地质构造　主体褶皱构造为 164 背斜和太平山向斜，其轴迹近东西向展布；萝卜顶—二庙岗及煤矿沟尚有北东向叠加褶皱存在。

主要断裂构造发育在一条龙—羊屎沟—山顶庙—房山西一带且呈弧形展布；在大砾岩山与小砾岩山之间存在两条断层，一条为近南北向延伸的横断层，另一条为北东—南西向延伸

表 3-1　周口店地区部分地层简表

年代地层			岩石地层		代号	厚度（m）	岩性简述及化石
界	系	统	群	组			
上古生界	二叠系（P）	中统（P_2）		杨家屯组	P_2y	70～120	灰色变质中粗粒岩屑砂岩、含砾岩屑砂岩，夹黑灰色炭质板岩，底部为灰色变质细角砾岩
		下统（P_1）		山西组	$P_{1\text{-}2}s$	90	下部为褐灰色变质中粗粒砂岩、黑色炭质板岩；上部为黑色炭质板岩及黑灰色变质细粒岩屑砂岩，含 *Lobatannularia sinensis*（中华瓣轮叶），*Sphenophyllum thonii*（汤氏楔叶）
	石炭系（C）	上统（C_2）		太原组	C_2—P_1t	64	上部黑色炭质板岩与黄绿色粉砂质板岩互层。产 *Neuropteris ovata*（卵脉羊齿），*N. plicata*（镰脉羊齿）
				本溪组	C_2b	54	上部为灰色压力影板岩、红柱石角岩及透镜状生物碎屑灰岩；中部为杂色粉砂质板岩；下部为灰色红柱石角岩及硬绿泥石角岩。底部为褐铁矿、铝土矿风化壳，局部为底砾岩，产 *Fusulina* sp.（纺锤䗴），*Dictyoclostus* sp.（网格长身贝）
下古生界	奥陶系（O）	下统（O_1）		马家沟组	O_1m	200～300	青灰色厚层结晶灰岩、纹带状灰岩夹白云质灰岩。产 *Armenoceras* sp.（阿门角石）
				亮甲山组	O_1l	70	浅灰色中厚层状结晶白云岩、白云质灰岩，夹2～3层膏溶角砾岩
				冶里组	O_1y	67	青灰色纹带状结晶灰岩、豹皮状白云质灰岩，夹黄绿色板岩。底部普遍存在一层灰色钙质千枚岩
	寒武系（∈）	上统（$\in_3$）		黄院组	$\in_3h$	123	灰黄色、黄绿色薄层泥质条带状灰岩，夹少量鲕状灰岩和“竹叶状”灰岩，产 *Ptychaspis* sp.（褶盾虫），*Blackwelderia* sp.（蝴蝶虫）
		中统（$\in_2$）		张夏组	$\in_2zh$	36	青灰色中厚层状鲕状灰岩，夹青灰色千枚岩或两者互层，产 *Damesella* sp.（德氏虫）
				徐庄组	$\in_2x$	41	灰绿色板岩夹薄—中层状灰岩
				馒毛组	$\in_{1+2}m$	46	灰色、灰黄色页岩夹白云质灰岩透镜体
		下统（$\in_1$）		府君山组	$\in_1f$	25～45	上部为灰色中厚层纹带状灰岩夹豹皮灰岩；下部为深灰色豹皮灰岩夹白云质灰岩
新元古界	青白口系（Pt）	上统（Pt_3）	青白口群	景儿峪组	Pt_3j	36～55	上部为绿灰色钙质千枚岩、钙质板岩；下部为灰色中—厚层状大理岩夹黑色大理岩
				龙山组	Pt_3l	＞20	上部为浅灰色千枚状板岩或斑点状板岩，下部为灰色中—厚层状变质中粗粒石英砂岩
				下马岭组	Pt_3x	120～170	上部为灰色粉砂质千枚状板岩、灰黑色炭质千枚状板岩；中部为褐灰色粉砂质板岩夹薄层状变质细砂岩，小型交错层理发育；下部为褐绿色千枚状板岩、含磁铁矿粉砂质板岩。底部具古风化壳
中元古界	蓟县系（Pt）	中统（Pt_2）	蓟县群	铁岭组	Pt_2t	186	上部灰色中—厚层状结晶白云岩、叠层石结晶白云岩；中部为深灰色薄层状含燧石条带（或结核）结晶白云岩；下部为灰白色厚层状结晶白云岩。交错层理发育
				洪水庄组	Pt_2h	38	灰褐色锰质板岩，顶部和底部夹含锰白云岩及白云岩透镜体
				雾迷山组	Pt_2w	＞500	灰色、浅灰色中—薄层状结晶白云岩、灰质白云岩，夹较多燧石条带或团块
太古宇				官地杂岩	Arg	＞200	条带状混合岩、黑云斜长片麻岩、斜长角闪岩、角闪岩

的斜断层，两者平面构成楔形，规模虽然不大，但地层效应明显且易于观察，应作为不同类型的断层给予介绍。

侵入岩　实习区岩浆侵入活动以中、酸性为主，面积最大者为房山复式岩体，花岗闪长岩构成主体，次为石英闪长岩和闪长岩等，为燕山运动晚期的产物。复式岩体位于房山西北，视野内的东山口、官地、磊孤山皆为其出露处。平面上近于圆形，直径 7.5～9km，面积约 60km²，为一中等规模的岩株。

另有小型侵入体，如分布于牛口峪水库北侧的花岗岩、一条龙西端的花斑岩等。

地质资源　实习区以非金属矿产资源为主，所见的含矿层位或采矿点有以下几种。

煤：主要开采层是石炭系-二叠系以及下侏罗统两个层位。前者采煤区位于周口店附近，主要含煤地层山西组共有 7 层煤，总厚 9.89m，其中可采煤 4 层，总厚 8.74m，太平山南、北坡均可见小型煤矿开采点；后者见于长沟峪，含煤 13 层，可采煤 8 层，总厚 12.56m，属中型矿床且正在开采中。

石灰岩：水泥用石灰岩赋存于下奥陶统地层中，下寒武统府君山组亦有部分灰岩可达此种工业原料要求。府君山组具有丰富的资源供日后开采。制灰用石灰岩产于马家沟组、府君山组和张夏组等数个层位，可见石灰岩的采场和烧灰窑遍布上述岩层分布区，其中有一定规模者为太平山南坡 164 背斜一带。

花岗岩：房山复式岩体中质纯者是颇负盛名的建筑石材，在东山口、枪杆石、磊孤山均有现行采场。

大理石：实习区可作大理石原料的主要是景儿峪组大理岩，次为铁岭组大理岩。质纯者可视为“汉白玉”。周家坡一带即有铁岭组大理岩的开采场所。

红柱石：实习区下马岭组、太原组、山西组、本溪组皆为含红柱石的层位，但以下马岭组的红柱石片岩所含红柱石质量最好，符合高级耐火材料的要求。太平山北侧一条龙至骆驼山一带所见之探槽即为勘探该矿种所布置，查明该处红柱石片岩中红柱石晶粒含量为 5%～10%，已达工业要求。

在此应给学生强调世界遗产资源（北京猿人遗址）和上述中小型矿产资源开发、利用、保护和可持续发展的相互协调关系，并对实习区环境地质、灾害地质、旅游地质、工程地质、农业地质等予以简介。

(4) 测量与制图。测制二亩岗—萝卜顶信手地形剖面图（1∶2 000）；训练用罗盘测方位和坡角；训练目估和步测距离；全程使用电子仪器和数字化技术采集存储有关信息和数据，并按计算机软件系统制作出相应图件传回基地。

4. 思考与讨论

(1) 与室内教学相比，野外实践教学的特色是什么？

(2) 与北戴河前期野外教学相比，其教学内容、方式、方法上有何差异？

(3) 教师应该做好哪些个人准备工作？

(4) 教师应该致力于哪些专业标准？

不论是在野外还是最后返回到基地，教师应该与学生简短地讨论这些方面的问题，才算完成了路线。

路线 2　八角寨地层观察路线

1. 教学路线

八角寨分水岭—八角寨东南坡—拴马庄桥

2. 教学内容及要求

(1) 观察描述中元古界雾迷山组上部至新元古界龙山组的岩性及其组合特征、原生沉积构造、古生物化石情况及了解各组地层厚度。

(2) 观察地层的接触关系。

(3) 分段绘制信手地层剖面图（1∶5 000）及典型地质现象素描图。

(4) 系统采集地层岩石标本。

(5) 观察认识不同线理并分析构造意义，掌握其测量方法并收集相关数据。

3. 地层剖面介绍

该剖面是实习区中、新元古界（表 3－2）出露最好且连续性较佳区段，中国地质大学（武汉）周口店基地初创期即将其选择为重点观察教学路线；在建站 50 周年之际又与当地政府部门联合立碑加以保护。

表 3－2　中、新元古界地层、主要岩性与厚度

组名与符号	主要岩性	厚度（m）
龙山组（Pt_3l）	2. 浅灰色板岩	＞2
	1. 石英砂岩	6
下马岭组（Pt_3x）	3. 板岩 ＋ 砂岩	60
	2. 炭质板岩	90
	1. 磁铁矿粉砂质千枚岩	17
铁岭组（Pt_2t）	3. 叠层石白云岩	48
	2. 泥质岩 ＋ 白云岩	62
	1. 含砂白云岩	76
洪水庄组（Pt_2h）	含锰质板岩	38
雾迷山组（Pt_2w）	结晶白云岩，燧石	＞500

剖面自下而上可见：

雾迷山组（Pt_2w）：出露于孤山口至八角寨一带，主要岩性为灰色中—薄层状结晶白云岩、灰质白云岩、燧石条带状白云岩等，厚度大于 500m，本路线仅观察该组第 4 段。

洪水庄组（Pt_2h）：以灰黑色含锰质板岩为主，底部和顶部夹有含锰结晶白云岩及白云岩透镜体，最大厚度 38m。

铁岭组（Pt_2t）：据其特征可大致分为 3 段，下部为灰白色厚层状含砂白云岩，具大型交错层理和羽状层理；中部为深灰色薄层状含燧石条带（或结核）的结晶白云岩、泥质白云岩；上部为灰色厚层状叠层石白云岩（图 3-6）。铁岭组总厚 186m，其中下部厚 76m，中部厚 62m，上部厚 48m。

图 3-6 叠层石构造（赵俊明拍摄，2008）

下马岭组（Pt_3x）：据其特征可大致分为 3 段，下部为褐绿色含磁铁矿粉砂质千枚状板岩及板岩，厚 17m；中部为暗绿色板岩夹黑色、灰黑色炭质板岩，局部呈互层，厚 90m；上部为褐灰色粉砂质板岩夹薄层状变质细砂岩，厚 60m。下马岭组与下伏铁岭组之间为平行不整合接触，接触界面凹凸不平，30～50cm 厚的褐铁矿型古风化土壤层可视为古风化壳之标志。

龙山组（Pt_3l）：据其特征可大致分为两段，下部为灰色—褐灰色厚层至中层状变质中粗粒石英砂岩，厚 6m；上部为浅灰色千枚岩状板岩，厚度大于 2m。

4. 教学进程及安排

（1）该路线是第 1 条系统地质观察路线，故应首先对常规的野外记录格式和内容以及野外记录簿的使用给予规定和说明。

（2）教师对各组地层总体特征介绍之后，学生则逐层系统观察对比岩性组合特征，描述记录岩石成分、结构构造并进行正确命名。

（3）此条路线是以地层教学为主，诸如层理与劈理的关系、层内褶皱等构造内容的讲授要适度。但如果时间充裕，教师对八角寨一带发育的滑移线理和交面线理、下马岭组底部的矿物生长线理、拴马庄桥一带的豆荚状褶皱等则应观察识别、描述、测量并分析成因和构造意义。

路线3　黄院东山梁地层观察路线及地层剖面测制

1. 教学路线

黄院东山梁239高地—285高地—探槽北端

2. 教学内容及要求

（1）观察描述新元古界龙山组至下古生界马家沟组地层的岩性及其组合特征、古生物化石情况及地层接触关系。

（2）详细划分地层单位并按实测剖面精度要求分层。

（3）系统采集地层岩石标本。

（4）常规方法测制信手剖面图（1∶5 000）。

（5）用GPS、便携式电脑或掌上机及相应软件系统实测地层剖面图(1∶2 000)。

3. 地层剖面介绍

本剖面是实习区内新元古界及下古生界（表3-3）发育齐全的地层剖面。东部周口店—房山一带虽有上述地层大部分出露，但因构造、变质作用的影响（不排除岩相变化）使其岩性、岩性组合、地层厚度及空间上的连续性变化颇大。为便于对比，对此剖面详细观察和深入了解则是必要的。

表3-3　新元古界及下古生界地层、主要岩性与厚度

组名和代号	主要岩性	厚度（m）
马家沟组（O_1m）	结晶灰岩、纹带状灰岩	200～300
亮甲山组（O_1l）	结晶白云质灰岩	70
冶里组（O_1y）	纹带状结晶灰岩，豹皮状白云质灰岩	110
黄院组（$\in_3h$）	泥质条带灰岩	120
张夏组（$\in_2zh$）	板岩、灰岩或互层	134
徐庄组（$\in_2x$）	板岩夹灰岩	35
馒毛组（$\in_{1+2}m$）	板岩夹大理岩透镜体	49
府君山组（$\in_1f$）	2. 纹带状灰岩	45
	1. 豹皮灰岩	
景儿峪组（Pt_3j）	2. 钙质板岩	11
	1. 灰白色大理岩	25
龙山组（Pt_3l）	2. 斑点状板岩	19
	1. 变质石英砂岩	

现自下而上介绍如下：

龙山组（Pt_3l）：该组基本特征已在路线2中详细描述，但在此应作如下补充观察：其一，区分判别下部变质石英砂岩之层理；其二，鉴别上部斑点状板岩之特征；其三，比较两处地层厚度（此剖面该组厚19m）。

景儿峪组（Pt_3j）：可分两段，下段由灰白色中薄层状大理岩夹灰黑色大理岩组成，厚25 m；上段为钙质板岩，厚11m。燕山地区该组中曾采到乔氏藻，时代为晚元古代。

府君山组（$\in_1f$）：可分两段，下段为深灰色中厚层状豹皮灰岩夹白云质灰岩；上段为灰色中厚层状纹带灰岩夹豹皮灰岩（图3-7），总厚约45m。该组曾采到三叶虫（雷氏虫）化石。府君山组与下伏景儿峪组为平行不整合接触，其间虽有地层缺失，但不整合的直接标志欠佳，可向学生提供区域地质资料以及对比上下两套地层岩性及古生物化石情况，以示对不整合的鉴别。

图3-7 豹皮灰岩（赵俊明拍摄，2008）

馒头组、毛庄组（$\in_{1+2}m$）：毛庄组应属中寒武统，但在该剖面与馒头组界线不易划分，可合并简称为馒毛组。主体岩性为灰色、灰黄色、浅灰绿色千枚状板岩夹灰黄色大理岩透镜体，厚49m，在实习区东部羊屎沟本组中曾采到三叶虫碎片。

徐庄组（$\in_2x$）：主要岩性为灰色千枚状板岩、粉砂质板岩夹薄层状灰岩和泥质灰岩，上部板岩中附有孔雀石薄膜，厚35m。

张夏组（$\in_2zh$）：灰绿色千枚状板岩、粉砂质板岩与中厚层状鲕状灰岩、结晶灰岩互层，板岩与灰岩比例在（3：2）～（4：1）之间；厚134m。北京西山地区本组中产三叶虫（德氏虫）。该组岩性及其组合与徐庄组在此剖面中实属过渡，可告知学生层序划分及界线确定的依据是鲕状灰岩的层数明显增多且单层变厚，所含鲕粒较大且特征显著。

黄院组（$\in_3 h$）：主要岩性为灰绿色、黄绿色薄层状泥质条带灰岩夹少量鲕状灰岩，沿走向可出现少量“竹叶状”灰岩，厚约120m。

冶里组（$O_1 y$）：浅灰色—青灰色中厚层纹带状结晶灰岩、豹皮状白云质灰岩夹黄绿色板岩，厚约110m。曾采到房角石、蛇卷螺、原古杯等化石。

亮甲山组（$O_1 l$）：以浅灰色中厚层状结晶白云岩为主，夹有膏溶角砾岩2～3层，厚70m。

马家沟组（$O_1 m$）：青灰色厚层状结晶灰岩、纹带状灰岩夹白云质灰岩，局部地段夹有褐色钙质板岩，厚200～300m。该组产阿门角石。

4. 教学进程及安排

(1) 该条路线是第一次训练学生制作信手地质剖面图，除进一步加强定点、观察、记录、描述外，尚要学会掌握用罗盘测方向、测坡度角、目估或步测距离以及信手地质剖面图的制作方法和技巧。教师应在黑板上示范画出信手剖面图以供学生参考。初学者制图时易将地形起伏夸大和岩层倾角画陡，教师要随时提醒并给予纠正。

(2) 黄院东山梁植被不发育，岩石露头良好且地层连续，可作为实测剖面的选择区段之一。若此，则应安排两次教学活动。第1天详细划分地层，制作信手地质剖面图并选择其中一段（选择在239高地或281至285高地地形有一定起伏和变化的地段，以便训练学生多种工作方法和技巧），第2天按实测剖面的精度进行分层工作。

(3) 实测地层剖面工作安排3个阶段。第1阶段为野外实测，时间1天，严格按计算机软件系统要求完成野外属性数据、图形数据的采集和存储；标本、古生物化石的采集和编号等工作。第2阶段于室内进行标本整理、原始资料核对及各类数据处理。第3阶段个人完成地层实测剖面图并上交教师审核。

(4) 黄院地质剖面中褶皱构造、构造置换等内容丰富且典型直观，但此路线是以安排地层观察为主，所见构造现象仅给予简介即可。

(5) 该区段采石场所较多，因此，观察路线和实测剖面的选择应考虑到诸多安全隐患。

路线4　太平山南坡地层观察路线及地层剖面测制

1. 教学路线

太平山南坡162.9高地—南洛凹南山脊

2. 教学内容及要求

(1) 观察描述上古生界本溪组至杨家屯组地层的岩性及其组合特征、古生物化石情况、地层接触关系并初步进行沉积岩相分析。

(2) 详细划分地层单位并按实测剖面的精度要求分层。

(3) 系统采集地层岩石标本和生物碎屑灰岩、含煤层系中的古生物化石标本。

(4) 常规方法制作地层信手剖面图（1∶2 000）。

(5) 按计算机软件系统在数字化地形图上定点、勾绘地质界线和实测剖面（1∶2 000）。

3. 地层剖面介绍

本剖面与太平山北坡大砾岩山、小砾岩山地层剖面分别位于太平山向斜的南北两翼，均为实习区观察研究上古生界（表 3-4）地层发育状况的有利区段。由于岩相变化和构造影响使三者存在一定差异。

表 3-4 上古生界地层、岩性与厚度

组名和代号	主要岩性	厚度（m）
杨家屯组（P_2y）	变质角砾岩	70～120
山西组（$P_{1-2}s$）	2. 炭质板岩，变质岩屑砂岩	90
	1. 变质砂岩，炭质板岩	
太原组（$C_2—P_1t$）	2. 炭质板岩与粉砂质板岩互层	64
	1. 变质砂岩与红柱石角岩互层	
本溪组（C_2b）	4 压力影板岩，红柱石角岩，生物碎屑灰岩	54
	3 杂色粉砂质板岩	
	2. 红柱石角岩和硬绿泥石角岩	
	1. 风化壳	

自下而上依次为：

本溪组（C_2b）：

（1）灰绿色厚层状硬绿泥石角岩，厚 2～3m。

（2）灰色红柱石角岩，厚 4.5m。

（3）杂色（灰—深灰色、黄—灰黄色、褐色、粉红色等）粉砂质板岩，厚 18m。

（4）灰色生物碎屑灰岩，厚 0.8～1m。含海百合、刺毛虫类化石或其碎屑。

（5）灰色、浅灰色板岩，厚 15m。含植物碎片等化石。该层中黄铁矿假晶具良好的压力影构造（图 3-8）而被称为“压力影板岩”。

（6）灰色、灰黑色红柱石角岩，厚 15m。

该组与下伏马家沟组为平行不整合接触关系，但在本路线其标志不大明显，可在煤炭沟口补充观察。

太原组（$C_2—P_1t$）：

（7）灰白色中厚层状中细粒变质石英砂岩。上部泥质胶结物渐多，粒度变细而为红柱石石英砂岩，厚 13m。为便于沉积旋回划分，一般将该层称为“I 砂”。

（8）灰黑色板岩，厚 1m。

（9）含红柱石细粒石英砂岩，厚 2～3m。

（10）黑色板岩夹炭质板岩（含煤层位，又称为煤线），见有植物化石碎片，厚 30m。该层称为“I 板”及“I 煤”。

（11）灰黄色薄层状粉砂质板岩及变质粉砂岩，厚 12m。

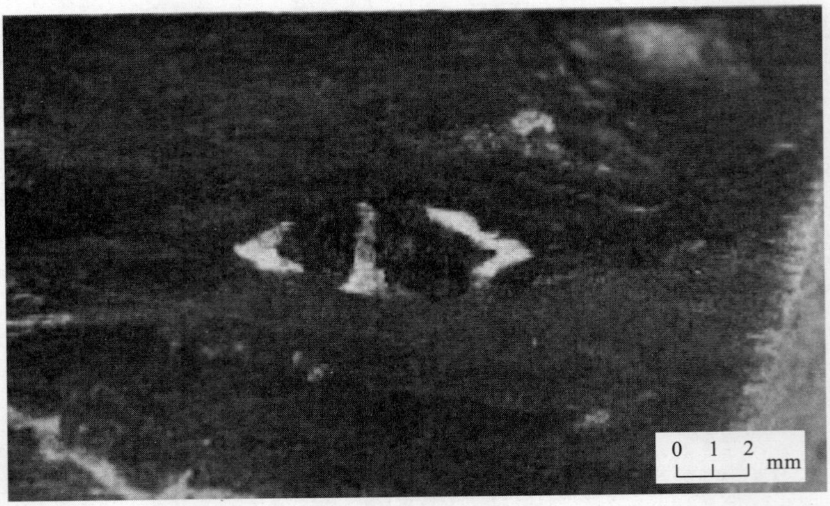

图 3-8　黄铁矿压力影（赵俊明拍摄，2008）

山西组（$P_{1-2}s$）：

(12) 褐灰色中厚层状中粗粒变质岩屑砂岩，底部偶含角砾，发育单向交错层理，厚 9m。该层称为“Ⅱ砂”。

(13) 黑色炭质板岩夹煤层，厚 14m。含植物化石及其碎片。该层称为“Ⅱ板”及“Ⅱ煤”。

(14) 深灰色中厚层状中细粒变质岩屑砂岩，厚 8m。该层称为“Ⅲ砂”。

(15) 黑色炭质板岩、粉砂质板岩夹煤层，含植物化石及其碎片，厚 13m。该层称为“Ⅲ板”及“Ⅲ煤”。

杨家屯组（P_2y）：

(16) 浅灰色厚层状变质复成分角砾岩，厚 70～120m。

4. 教学进程及安排

(1) 该条路线被设计为用常规方法和现代高新技术进行路线地质填图。因此，应按要求在各组地层分界处标定地质点。可首先安排在 162.9 高地附近（北侧）展开纸质地形图和开启掌上机或便携式电脑呈显数字化地形图，对照地形地物标志，并在教师提示下标定出马家沟组与本溪组的分界点，余者由学生定出。

(2) 按路线地质要求勾绘地质界线。仍先由教师指导勾绘马家沟组与本溪组之间的地质界线，余者由学生完成，注意地形效应及“V”字形法则的正确运用。所勾绘的地质界线于地质点两侧沿地层走向延长 0.5km 即可。

(3) 若选择该路线为地层实测剖面区段，则具体要求及安排同黄院路线（路线 3）。黄院东山梁剖面与此剖面相比各有所长，前者植被少，露头好，但距基地较远，工作时间受到交通工具的限制，且存在一定的安全隐患；后者距基地较近，步行往返且工作时间机动，但植被发育使某些岩性段有所覆盖，给分层和测量岩层产状等带来一定难度，但沿走向观察仍能达到要求，亦可使学生对“穿越法”、“追索法”有所了解。

5. 思考与讨论

路线 2、3、4 均为以地层为主的教学路线，现提出以下问题供思考讨论，并写出地层小结。

(1) 各时代地层主要特征是什么？

(2) 各时代地层接触关系如何？

(3) 能否与北戴河实习区所发育的同时代地层进行区域对比？

路线 5　太平山北坡地层观察路线

1. 教学路线

太平山北坡大砾岩山—二亩岗

2. 教学内容及要求

(1) 基本教学内容及要求同太平山南坡地层路线（路线 4）。

(2) 与太平山南坡同时代地层岩性、岩性组合、地层厚度、岩相和沉积旋回以及岩层产状等进行对比并寻找异同点，从而熟悉掌握上古生界地层发育情况及特征。

3. 思考与讨论

(1) 太平山南、北坡地层是否对称重复出现？其总体产状有何变化？给出构造类型和形态的异同点。

(2) 本溪组地层岩性组合在南、北坡有何差异？经对比若有差异，则可能是岩相变化还是构造所为？

(3) 杨家屯组岩性特征在南、北坡有何变化？

(4) 太平山南坡所划分的沉积旋回，其特征在太平山北坡是否明显？

路线 6　磊孤山—东山口侵入岩体观察路线

1. 教学路线

磊孤山—官地—一条龙北坡

2. 教学内容及要求

(1) 了解房山复式岩体位置、规模、平面形态及侵入时代。

(2) 了解观察并描述复式岩体相带或单元划分标志及各自岩石学特征。

(3) 观察认识岩体的原生构造并进行测量记录。

(4) 观察描述析离体、捕虏体发育的位置，记录含量变化、形态特征并进行岩性鉴定，推断出它们的起源方式。

(5) 观察鉴别不同岩体、岩脉的穿插关系及形成的先后顺序。

(6) 观察描述岩体与围岩的接触关系。

(7) 横穿岩体相带，测制岩体信手地质剖面图并对典型地质现象进行素描和利用数码相机拍照。

(8) 分别按常规方法和 GPS、计算机软件系统，在纸质地形图、数字化地形图上定地质观察点并勾绘相带界线及岩体与围岩的接触界线。

(9) 系统采集不同相带基岩标本和不同风化类型的样品，以便镜下薄片鉴定。

(10) 利用便携式测试分析仪进行地球化学测试分析工作。

3. 房山侵入体介绍

房山复式岩体研究历史长，成果丰富，早在中国地质大学（武汉）周口店基地创建初期，业已研究开发为一经典的岩体教学路线，1996 年第 30 届国际地质大会亦将其选择为国际地质参观路线。鉴于此，在 2004 年周口店基地创建 50 周年之际，中国地质大学（武汉）与当地政府部门联合对其立碑以示纪念和保护。

复式岩体位于房山区西北，平面上近于圆形，直径 7.5～9km，面积约 $60km^2$，为一中等规模岩株。接触面产状较陡，一般倾向围岩。复式岩体早期侵位的是石英闪长岩体和闪长岩体，后期侵位的是花岗闪长岩体，前者因后者的侵入穿插而破裂成若干个小岩体散布于花岗闪长岩边缘。岩体直接侵入的地层为下二叠统，但接触热变质晕影响的地层为中侏罗世龙门组，据此分析侵入时代应在中侏罗世以后；同位素年龄资料统计，其值变化在 100～140Ma 之间，较准确地厘定为燕山运动晚期的产物。另外，东山口石英闪长岩体的全岩钾氩法同位素年龄为 131.1Ma，证明与花岗闪长岩基本同时。

花岗闪长岩体直观而醒目的特征是钾长石斑晶在岩体内有规律的变化，据其大小、含量和环带的变化，前人将岩体从外向内划分为边缘相、过渡相和中央相。它们大致呈同心环状展布，其间无明显界线。岩体之中央相现为工业区及大片建筑物所覆盖，故此路线的观察亦可从过渡相开始。

按新的填图规范和要求，在侵入岩区尚要进行单元、超单元的划分、归并等项工作。一些学者业已对该岩体进行了相关研究，但也有不同的认识，在此种情况下仍可暂按前人较为成熟的划分方案进行教学。

4. 教学进程及安排

1) 磊孤山东南坡采场

此处为岩体过渡相，有相距不远的多个采石点，其地质内容皆同且岩石露头均佳。若有数个教学班可安排在不同处进行观察。教学进程可依次安排介绍岩体地质概况、岩体工作方法、过渡相岩石观察描述、是否存在原生构造并就此进行观察、过渡相与边缘相分界、定点及在地形图上勾绘岩相界线，以此为起点开始制作岩体信手地质剖面图。

从磊孤山东南坡向南至 127.2 高地的路线地质中，除完成过渡相与边缘相的分界任务外，还应安排观察析离体、捕虏体等由内向外其大小、形状、数量及成分变化的有关内容。在这一带蘑菇石（图 3－9）成群出现，千姿百态、景观秀美，可安排学生在此照相、素描并讨论其成因，引导学生回忆地质风化作用及特征。

图 3－9　蘑菇石（赵俊明拍摄，2008）

2）127.2 高地及其附近

该观察点为花岗闪长岩体边缘相与石英闪长岩的分界。依次安排如下观察内容并完成相应工作：127.2 高地东侧为花岗闪长岩与石英闪长岩接触关系所在，两者岩性、粒度及颜色的差异、原生构造交切关系、伴生岩脉与两者关系、三者形成顺序等均为主要观察内容，确定岩性分界点并勾绘地质界线；127.2 高地南侧接触带处不仅在花岗岩体中发现有闪长岩类捕虏体，尚赋存有大量诸如片麻岩、变粒岩、大理岩等围岩的捕虏体，应详细对捕虏体的岩性、大小、形态等进行观察、记录、描述以及素描或照相；继续绘制地质信手剖面图。

3）官地村西侧大路旁

观察描述复式岩体与围岩的接触关系。岩体在此处的岩性为石英闪长岩，露头良好，岩石新鲜，便于观察描述。围岩为太古宇官地杂岩，岩性为灰色、灰黄色 Lit－par－lit 片麻岩（图 3－10），已风化，其中有长英质脉体发育。可提示岩体与围岩呈侵入接触，其证据和标志在官地村村东等处可见，将在另外路线中安排观察此项内容。

于此点完成岩体信手地质剖面图。

4）官地村西约 300m 处 101.8 高地

此点位于公路旁侧，所观察露头被称为“枪杆石”。观察描述数种侵入岩（其中有脉岩）岩性特征并观察与官地杂岩的穿插关系，可展开讨论，最后完成定点、勾绘地质界线及素描和照相等任务。

5）一条龙北坡

为岩体与围岩接触处，描述岩体的岩性特征并给予正确定名；围岩的岩性组合特征并判断其时代归属和组名。详细观察两者的侵入接触关系（岩体呈树枝状侵入于围岩中）。

图 3 - 10　太古代官地杂岩里 Lit - par - lit 混合片麻岩

锤子上的刻度为厘米（梅森拍摄，2007）

完成定地质点、勾绘地质界线和侵入接触关系素描及照相任务。从磊孤山—127.2 高地—官地村西侧采用穿越路线进行地质观察，而从此点至一条龙西端（被称为“龙头”）则采用追索路线进行工作并勾绘岩体与围岩接触地质界线。

5. 思考与讨论

（1）通过此路线观察实践，对岩浆岩、岩石学的知识掌握程度如何？还需在哪些方面加强？

（2）侵入体的观察研究及工作方法与地层学的工作方法有何差异？

（3）房山复式岩体岩石学特征、岩体内部相带（单元）划分标志、岩体内部及边缘的各类“包体”、岩体的原生构造及岩体与围岩接触关系等地质现象或内容观察及了解程度如何？

（4）试分析复式岩体侵位机制。

（5）个人写出有关岩体观察研究小结。

路线7 车厂—龙门口房山复式岩体热动力变形构造观察路线

1. 教学路线

龙门口东沟—龙门口东山梁

2. 教学内容及要求

(1) 观察描述房山复式岩体西北缘岩性特征。

(2) 观察识别发育于岩体边缘的韧性剪切带（初糜棱岩）、同构造片麻岩、挤压片理等热动力变形构造，测量有关数据。

(3) 识别如S—C面理组构、旋转碎斑、书斜式构造（“多米诺骨牌”构造）、曲颈状构造等可指示韧性剪切方向的运动学标志。

(4) 观察识别发育于岩体中的脆性破裂带并对其规模、产状等进行测量，据其伴生构造（如羽状节理）和标志物（如捕虏体、析离体）错开来判断运动方向及力学性质。

(5) 综合不同观察点上各种构造标志、构造类型和构造关系，对岩体西北缘构造现象进行构造分期配套工作。

(6) 在教师提供区域资料基础上对房山复式岩体的侵位机制进行分析。

(7) 完成各观察点上典型构造素描和使用数码相机进行拍照。

3. 教学进程及安排

1) 东沟小河旁

该点教学安排顺序为岩体的岩性特征；观察由黑云母等矿物及由扁平状捕虏体、析离体显示的面状构造（同构造片麻岩、挤压片理）或组构并进行产状测量；识别观察和测量韧性剪切带的表现特征、规模、产状、运动学标志和性质；剪切带发育的间隔、尾端变化、剪切带与挤压片理带的先后交切关系等。

2) 东山梁西坡

观察程序同上，但S—C面理组构、由粗粒钾长石发育而成的旋转碎斑、“多米诺骨牌”构造、曲颈状构造（图3-11）较发育且形态更为典型。可向学生提示，该点发育的韧性剪切带运动方向和产状是否与东沟小河旁观察点有异？两者关系如何？应带着问题进行观察分析和研究。

3) 东山梁

首先观察挤压片理带的发育状况并测量产状，与前两个观察点对比是否异同；而后识别脆性破裂带表现特征、伴生构造和运动学特点（左行或右行?）；判断分析挤压片理带、韧性剪切带和脆性破裂带三者交切关系及形成顺序。

4. 思考与讨论

与地层路线相比，观察和研究构造现象的特点是要善于将不同区段看似彼此孤立、零散不全的资料联系起来进行归纳、整理和综合分析，以求得到较为合理的解释。在以后有关构

图 3-11　曲颈状构造（赵俊明拍摄，2008）

造路线中应有意识地加强空间和时间方面的地质思维训练。现按此思路提出问题以供思考和讨论：

（1）宏观上已确定出某一韧性剪切带的运动学特征（某一地质体如析离体已明显被错开），其旁侧或韧性剪切带内的微观构造如旋转碎斑、“多米诺骨牌”构造等是否也表现出相关的运动学特征？

（2）位于相距不远的两点，各自发育方位不同、运动学特征不同（如其一为左旋性质，另一为右旋性质）的剪切带能否将两者配套并进行构造应力分析？

（3）该教学路线中所观察到的诸多构造能否进行分期？其依据是否充分？

（4）诸多岩体热动力变形构造集中发育于岩体西北边缘，能否在上述构造应力分析的基础上与房山复式岩体的侵位机制相联系？

5. 教学提示

由黑云母等矿物及扁平状捕虏体（析离体）显示的面状组构于岩体边缘最为发育。面理一般与岩体接触界面平行且多倾向于围岩，东南边缘倾角较缓，为 40°～60°；西北边缘较陡，为 80°～90°。经对捕虏体（析离体）进行观察及应变测量，得知岩体西北边缘变形程度最强，可能反映了岩浆侵位时从东南向西北斜向上拱之效应。岩体边缘（尤其是西北边缘）发育有由韧性剪切带、同构造片麻岩、挤压片理等构成的强变形带，最瞩目者为车厂—龙门口一带长约 6km、最宽处达 700m、总体呈新月形且弧顶指向北西的强变形带。该带内部又叠加了间隔性小型韧性剪切带，它们切割了前者而构成局部高应变带，其组合为雁列式或共轭式。共轭式韧性剪切面之钝夹角平分线指示了挤压方向。它们所示挤压方向在新月形强变形带内因部位不同略有变化，但总体则呈放射状展布且来自岩体中心。

路线 8　164 褶皱构造观察路线

1. 教学路线

164 采石场—137 高地—煤炭沟

2. 教学内容及要求

（1）观察确定构成 164 背斜（图 3－12）的地层时代、描述岩性及其组合特征和岩层厚度变化。

（2）观察识别 164 主体背斜构造的形态特征并对其进行描述。

（3）观察鉴别主体背斜不同部位之伴生构造发育状况并分析构造意义。

（4）厘定该路线中的早期构造、主期构造和晚期构造的类型、特征、成因、相互关系并初步进行序次划分。

（5）系统进行各种构造要素的测量及有关野外属性数据、野外图形数据收集存储工作，采集有关构造标本和构造岩标本，制作典型构造素描图和利用数码相机拍照。

（6）分别要求用常规方法和高新技术在纸质和数字化地形图上定出主体构造不同部位的构造观察点。

（7）利用掌上机或便携式电脑以及计算机软件系统标定第四系与基岩分界点并勾绘第四系地质界线。

（8）学会远景素描的方法与技巧。

图 3－12　周口店 164 背斜（赵俊明拍摄，2008）

3. 教学进程及安排

1）第一采石场西侧开阔地带

选择一点为 164 背斜轴迹大致通过处，以便观察转折端及两翼之全貌。教学程序如下：教师对 164 背斜概况简介并示出其主要部位；提示远景素描制作的原理、方法和技巧并进行示范；学生通过认真观察、分析、比较和归纳完成该主体构造全貌景观图。

2）162.9 高地南侧陡坎下

该点为 164 背斜北翼，按序定出第四系与基岩分界点并勾绘第四系界线；测量北翼岩层产状并标注于景观图相应位置；观察早期层内紧闭褶皱之规模、形态并进行有关线理、面理要素的测量，分析与主期褶皱的关系；判别早期褶皱枢纽与其转折端处发育的线理关系；从运动学角度分析其属性（A 型褶皱或 B 型褶皱）。

3）第一采石场中部背斜转折端及其附近

观察转折端的形态并测量枢纽及两翼产状；认识翼部小型伴生构造如阶步、擦痕并进行运动方向的判定；进一步掌握线理（擦痕或滑移线理）倾伏向和倾伏角、侧伏向和侧伏角诸产状要素的测定方法；判别上述线理与主体背斜的枢纽关系，从运动学角度分析主期褶皱属性（A 型褶皱或 B 型褶皱）。

4）137 高地北侧陡坎下

定地质点并勾绘第四系地质界线；测量主体背斜南翼产状并标注于景观图相应位置，观察翼部同构造的次级从属小型褶皱发育情况、形态特征及构造意义；在此处观察、测量与层理近直交的陡倾劈理（该类构造在转折端和北翼均有发育），描述其特征、鉴别其类型并思考与主期褶皱成因是否有关。

5）137 高地

该点位于 164 背斜南翼，顺序观察早期小型顺层剪切带、早期小型层内紧闭褶皱；主期褶皱的轴面劈理；观察石香肠构造、楔入褶皱、火炬状节理及陡倾劈理等。对上述诸多小构造的发育情况、表现特征、规模、形态、产状及构造意义进行详细测量、记录、描述、素描、照相并初步进行成因分析、配套及期次的研究和划分工作。

6）煤炭沟

煤炭沟一带为 164 背斜倾伏端处。要求顺沟在短距离内制作一大比例尺横向构造剖面图，观察背斜核部及两翼地层发育状况并进行对比，其两翼地层是否对称重复出现。沿煤炭沟东壁追索马家沟组上层界面并系统测量岩层产状，从产状变化规律理解背斜构造外倾转折的含义。

4. 思考与讨论

(1) 该路线构造现象典型，内容丰富而复杂，要对各观察点所获得的多种信息联系起来进行综合分析。发育于层内的紧闭褶皱，其轴面劈理和早期小型顺层剪切带面理总体与层理平行（S_1平行于 S_0），而在层内紧闭褶皱转折端处发育的滑移线理又与其枢纽产状一致，此种褶皱成因如何？

(2) 层内紧闭褶皱的枢纽与 164 背斜主体褶皱枢纽近于一致，这种现象说明了什么问题？

(3) 从 164 背斜两翼、转折端及枢纽的产状分析该构造的空间形态如何？

(4) 从主体褶皱的伴生构造标志（从属褶皱的倒向、岩石光滑面、剪切带等）能否发现其成因机制及运动学阶段？

(5) 其他小型构造如近南北向的陡倾劈理、楔入褶皱、火炬状（羽毛状）节理等在成因上能否与主体褶皱相联系？

路线 9 龙骨山—鸽子洞褶皱构造观察路线

1. 教学路线

北京猿人遗址—鸽子洞

2. 教学内容及要求

有关褶皱构造的教学内容及要求同 164 褶皱构造路线（路线 8）。

3. 教学进程及安排

1）鸽子洞

确定此处地层时代并对其岩性、岩性组合特征进行描述；对该点发育的褶皱形态分析研究，测量有关褶皱要素产状并完成路线 8 景观素描图；观察描述粗大线理构造，测量产状并对其成因类型及构造意义进行解释。

2）鸽子洞北侧采石场

此处为 164 背斜构造向西延伸部分，观察内容与路线 8 基本相同。补充两点：其一，纵向上据褶皱枢纽变化特征判断在此是倾伏还是扬起？其二，同一背斜构造在不同区段的剖面上形态变化如何？应该指出的是，此采场与 164 采场相距 1 600m 左右，实则为同一褶皱纵向上不同部位的人工剖面。如果再将路线 8 之煤炭沟横剖面结合起来，即为垂直 164 背斜轴迹的、由 3 个不同部位的剖面组合起来的联合构造剖面。这就是构造解析学中对构造形迹分段研究的一种基本方法。

路线 10 孤山口复杂褶皱及小型构造观察路线

1. 教学路线

孤山口火车站铁路旁峭壁

2. 教学内容及要求

（1）了解地层时代及观察描述岩性及其组合特征。

（2）观察识别和描述与褶皱构造相关的各类典型构造，进行各种构造要素的测量及有关资料的收集工作。

（3）观察不同级别的褶皱构造形态特征及其相互关系。

（4）对其他各类小构造的意义进行解释。

（5）制作典型构造露头素描图及景观素描图并利用数码相机拍照。

3. 教学进程及安排

1）铁路南西侧高地

介绍区域地质背景及孤山口复杂褶皱所处的构造位置；了解地层时代及岩性组合特征；远观铁路北东侧峭壁褶皱构造总体轮廓；完成构造景观素描图并用数码相机拍照。

2）铁路北东侧峭壁

从北西到南东顺序观察以下构造点：

（1）褶皱位态观察测量点。此点发育一小型褶皱构造（图 3－13），三度空间暴露良好。首先在教师的提示下进行“层”、“劈”关系的观察与区别，然后由学生独立或分组配合进行两翼、枢纽、轴面劈理和相关线理等要素的产状测量，在此基础上进行褶皱位态分类。

图 3－13　褶皱构造（赵俊明拍摄，2008）

（2）次级从属褶皱观察测量点。大型褶皱中常发育有同构造期的次级从属褶皱，两翼从属褶皱具有不对称性而被称为“S”形或“Z”形，转折端处则为对称的“M”形（背斜）或“W”形（向斜，图 3－14），总体构成“SMZ”形或“SWZ”形组合。因此，对其进行观察研究是厘定大型褶皱的基础。该点大一级褶皱为一向斜构造，除两翼发育有上述类型的次级从属褶皱外，其转折端发育的则为对称的“W”形。另外，在此还应掌握有关褶皱倒向、褶皱包络面等概念并加以利用。

（3）非穿透滑劈理（图 3－15）观察点。观察此点滑劈理（褶劈理）表现特征及间隔大小，并对其结构形态进行分类。

（4）石香肠构造及楔入褶皱观察点。该点除发育石香肠构造与楔入褶皱外，尚有火炬状节理发育。注意观察描述小型构造的表现特征并分析其构造意义。

（5）劈理与节理观察点。观察厘定劈理与节理的类型及相互关系、劈理与节理的产状和

图 3-14 "W"形向斜构造（赵俊明拍摄，2008）

图 3-15 滑劈理（袁晏明拍摄，2006）

排列（扇形、反扇形）特征及与褶皱构造的关系、不同岩性层中劈理发育情况及其组合特征（劈理折射，图 3-16），了解岩石能干性的含义、劈理与层理的关系并用其判定层序正常或倒转。

图 3－16　劈理折射（赵俊明拍摄，2008）

3）铁路南东侧峭壁

观察描述岩性组合特征及厘定大型线理构造类型、形态；测量线理方向；分析大型线理与褶皱构造的关系；观察相邻不同岩层中构造类型的差异性，进一步理解岩石能干性对构造变形的影响。

4）火车站旁

观察认识鞘褶皱，尤其是在不同剖面上的形态特征，详细进行有关线理、面理的测量与分析，了解成因机制及构造意义。

路线 11　萝卜顶—煤矿沟叠加褶皱构造观察路线

1. 教学路线

萝卜顶—二亩岗—煤矿沟

2. 教学内容及要求

（1）观察厘定叠加褶皱并描述剖面——平面形态特征和空间展布方向。

（2）识别叠加褶皱存在的依据。

（3）利用计算机软件系统测制构造剖面图。

3. 教学进程及安排

1）萝卜顶—二亩岗区段

以杨家屯组底部变质角砾岩为标志层追索，可见平面形态呈花边状、哑铃状或呈不规则状圈闭；区别层理与劈理并分别系统测量产状，即能厘定出与太平山向斜轴迹（呈东西向延伸）大致垂直的一组NNE向（NE10°左右）展布的叠加褶皱群；制作萝卜顶—二亩岗东西向构造剖面图，以便观察叠加褶皱的剖面形态特征。

2）煤矿沟

鉴别区分层理与劈理，分别测量产状；观察追索山西组变质砂岩和板岩空间展布方向；制作东西向构造剖面图，以便厘定NNE向叠加褶皱。

4. 思考与讨论

本路线识别出的NNE向叠加褶皱伴生有典型的轴面劈理，一般倾角陡倾，走向亦为NNE向。应联系到164采场和137高地已观察到的陡倾劈理走向、楔入褶皱枢纽、石香肠长度（*b*轴）指向以及火炬状雁列脉交线方向均呈NNE向，它们是否为同一应力场的产物？可否视为NNE向叠加褶皱的伴生构造或相关构造？

路线12　官地—羊屎沟变质岩综合观察路线

1. 教学路线

官地—羊屎沟—骆驼山—三不管沟。

2. 教学内容及要求

（1）观察描述太古宇官地杂岩岩性组合特征及与房山复式岩体接触关系，了解形成时代、区域地质构造位置和成因背景。

（2）观察描述接触热变质岩的岩性特征、岩石类型、分析PT变质作用条件并划分变质相带。

（3）认识剥离断层及其表现特征，识别与其有关的伴生构造。

（4）观察描述沿断裂发育的岩脉之岩性、变形特征及构造意义。

（5）观察地层发育情况并侧重注意地层缺失、各层厚度变化及与断层的关系。

（6）利用便携式电脑或掌上机以及计算机软件系统测制信手地质剖面图（1∶2 000）并勾绘路线地质图。

（7）厘定并观察层内紧闭褶皱，并记录其发育特征及赋存层位。

（8）系统采集各种岩石标本和构造定向标本。

（9）完成各种典型地质现象素描图和使用数码相机进行拍照。

3. 教学进程及安排

1）官地村东侧

于官地村东大路旁观察描述太古宇官地杂岩的总体面貌特征并与沉积岩系、岩浆侵入体进行对比；观察变质杂岩与房山复式岩体的接触关系并沿接触界线追索，确定接触类型；观察片麻理构造并测量产状，对变质杂岩的岩性、岩性组合进行观察描述，至少应区分出4～5种岩石类型并对其进行命名。

提示：太古宇官地杂岩分布于房山复式岩体南北两侧及东缘，出露面积总计不足0.5km^2，区域上构成房山变质核杂岩构造的一部分。主要岩性组合为黑云母斜长片麻岩、混合花岗岩、斜长角闪岩、浅粒岩、黑云母变粒岩、角闪石变粒岩。关于官地杂岩的成因及时代曾有两种观点：其一认为是太古宙古老变质岩系；其二认为是元古宙乃至古生代变质沉积岩系，经房山复式岩体岩浆混杂所致。近年来通过岩石学、岩石化学、副矿物及稀土元素分配特征等方面的研究并结合野外产状及所处的区域构造位置分析，尤其是测定出杂岩中锆石Pb－Pb年龄值约2 449Ma的数据之后，现已确认该套杂岩时代应为太古宙，属于华北陆块古老结晶基底的一部分。

2）乱石垅附近101.4高地一带

为变质岩构造观察点。观察认识官地杂岩中发育的小型韧性剪切带、小型褶皱构造、透入性面理及线理构造；识别糜棱岩并观察认识其宏观结构和构造。

3）官地村南101.3高地附近

为发育于基底与盖层间的主剥离断层观察点。该点零星岩石露头之岩性为糜棱岩（图3－17），应为主剥离断层活动的产物。除此之外，可用地层效应作为识别断层存在的标志：该点之北为官地杂岩分布区；该点之南约100m即为铁岭组地层出露处，其下部洪水庄组、雾迷山组等大套地层缺失。主剥离断层向东延伸到山顶庙西沟，断层许多识别标志更为清楚，有关内容待后续路线15观察学习。

4）羊屎沟沟头

铁岭组出露点。观察描述该组岩性及其组合特征；与八角寨剖面相比其厚度变化情况；识别鉴定透闪石大理岩、透辉石大理岩中透闪石、透辉石等特征矿物。

5）骆驼山西北侧

可见铁岭组与下马岭组之间为断层接触。观察断层面的特征并测量产状、断裂带的宽度及构造岩发育状况及类型、断层两盘的鞘褶皱等伴生构造特征及其构造意义、两盘地层厚度变化等，综合诸方面标志判定断层性质。观察描述下马岭组岩性变化及其组合特征，鉴定红柱石、石榴石等矿物；鉴定描述石榴石云母片岩、红柱石云母片岩岩性特征及空间分带现象；了解接触热变质作用地质条件及与区域变质作用的叠加关系。

6）骆驼山南侧至三不管沟

观察描述下马岭组至中上寒武统各组地层的岩性、岩性组合及厚度变化，与已知地层路线进行相应层位对比；分析判断各组地层间的接触关系是何种性质，并了解走向断层引起地层缺失的情况；在教师提示下认识发育于盖层中的剥离断层系统。

7）三不管沟采石场

观察描述该点脉岩的宽度、产状并正确定名；观察岩石的变形特征、产出部位并分析与

图 3-17　糜棱岩（赵俊明拍摄，2008）

剥离断层的关系及多期变形依据（中上寒武统与马家沟组之间为剥离断层接触，脉岩发育于剥离断层带中，两者在平面上延伸一致）；厘定发育于马家沟组中的小型层内紧闭褶皱，并观察其形态特征和产状特征，分析其构造意义。

4. 思考与讨论

本路线为一条综合观察教学路线，地质内容丰富，包括地层、变质岩、脉岩、断裂及其相关构造等。在路线教学获得诸项资料基础上，对下述问题进行思考与讨论。

（1）本路线出现的变质作用类型有几种？接触热变质作用的地质背景是什么？

（2）与八角寨—拴马庄桥地层剖面、黄院东山梁地层剖面进行对比，该路线中各组地层多有保留，唯其厚度锐减，（此路线中每组有多少地层层序被保留了？）分析是相变还是断层作用所为？

（3）试对主剥离断层、盖层剥离断层系统表现特征进行归纳总结。

（4）按剥离断层的含义应为一种低角度的正断层，而该路线中所观察到的剥离断层倾角皆已变陡甚或直立，此种变化的构造意义如何？

（5）顺沿剥离断层发育脉岩之现象在实习区多处可见，其构造意义如何？

5. 教学提示（额外观察）

与该观察路线毗邻的一条龙南坡变质岩综合观察路线 16 是 1996 年第 30 届国际地质大会参观路线，中国地质大学（武汉）与当地政府部门已在此路线始点东山口村立碑示牌。一条龙南坡路线与羊屎沟路线地质内容基本相同，两者可相互补充进行实践教学活动。

路线13　房山西断裂构造观察路线及东部独立实践区踏勘

1. 教学路线

房山西—向源山—山顶庙

2. 教学内容及要求

（1）认识逆断层及表现特征，观其伴生构造发育状况、类型，要求学会利用伴生构造判定断层性质。

（2）鉴定描述相关构造岩类型。

（3）沿断裂走向追索调查其平面展布形态。

（4）观察断裂构造多期活动的表现特征，综合分析断裂活动期次。

（5）对东部独立实践区（填图区）的范围、地形地貌特征、穿越条件、基岩（地层、侵入岩体）出露状况、主体构造类型的性质及发育情况等进行全面了解并初步确定填图单元。

（6）制作典型地质现象素描并用数码相机拍照。

（7）利用便携式电脑或掌上机以及计算机软件系统测制编绘断层联合剖面图。

（8）系统采集构造岩标本。

3. 教学进程及安排

1）房山西99.7高地南西侧

此处为断裂构造观察点。步测断裂带出露宽度并定出所涉及地层的组名、岩性及层序；观察逆冲断层之断层面上发育的摩擦镜面、擦痕和阶步并判断断层运动方向；观察断裂带中次级断层、节理、劈理、小型揉皱、构造透镜体等伴生构造特征并掌握其指示断层动向的方法；观察描述破碎带内断层岩的发育情况及类型；测量断层面和伴生构造的有关数据并进行素描照相；根据断裂带中次级断层的表现特征、交切关系并参考区域地质资料，在教师提示下对该断裂构造带的活动期次进行划分。

2）牛口峪水库一副坝附近

追索此处一小型花岗岩体边界并观察围岩的时代及岩性；寻找岩体内部的地层捕虏体并确定其时代和岩性；描述花岗岩岩性特征；观察岩体平面展布形态。

3）房山西110.8高地北侧

此处为人工露头观察点，亦为一断裂破碎带。观察内容及方法与房山西99.7高地南西侧观察点相同。制作大比例尺构造剖面图，分析两处断裂构造有何联系。

4）牛口峪水库三副坝—蘑菇山剖面观察

确认该剖面中地层时代、岩性及其组合特征；观察描述蘑菇山北西侧断裂构造特点及下马岭组地层中小型褶皱构造。

5）牛口峪水库管理处附近

对牛口峪水库周围山头的相对位置、植被发育情况、路径分布及穿越条件宏观上进行观察；对地层、岩体大致分布区域、露头发育情况亦进行认真观察，以求对牛口峪一带的地形、地貌、地质等情况有所全面了解，为在此区段独立填图奠定良好基础。

6）山顶庙与向源山之间

依次安排以下观察内容：

(1) 龙山组的岩性、产状变化及平面展布形态。

(2) 府君山组的岩性、产状变化、平面形态及与相邻地层接触的关系。

(3) 馒头组—毛庄组的岩性、产状变化、平面形态及与相邻地层接触的关系。

(4) 中、上寒武统的观察内容同上。

(5) 房山复式岩体的岩性及与围岩的接触关系。

(6) 断裂带中脉岩岩性及其发育情况。

(7) 断裂带在平面上分支或汇合现象。

(8) 中、上寒武统中小型韧性剪切带及层内紧闭褶皱表现特征。

7）污水净化厂大门附近

此处视野开阔，可对向源山以西地形、地质概况宏观上进行了解，以便独立填图前的路线布置和设计。

8）山顶庙西沟

依次安排以下观察内容：

(1) 主剥离断层（此处太古宇官地杂岩与下马岭组直接接触）两盘地层岩性特征、地层缺失情况，断裂带宽度、构造岩发育情况，混合岩化、绿帘石化和硅化表现特征。

(2) 官地杂岩中发育的糜棱岩在露头—标本尺度上的表现特征。

(3) 房山复式岩体在此区段的岩石类型及与围岩的关系。

(4) 第四系分布情况。

4. 思考与讨论

经前期若干路线观察，区内主要构造类型均已涉及，在此基础上完成有关构造方面的研究小结，初步了解区域地质调查研究的方法、手段和步骤，内容包括：

(1) 区内褶皱构造的类型、特征、序次、成因机制。

(2) 断裂构造小结，内容基本同上。

(3) 各种小型构造与大型构造关系。

(4) 该路线的野外实践并结合室内讲课，应对区域地质调查的概念、类型、规范等有所掌握；为下一阶段独立实践奠定基础。

路线 14　大砾岩山综合观察路线及中东部独立实践区踏勘

1. 教学路线

大砾岩山—太平山—方头山

2. 教学内容及要求

(1) 识别厘定横断层和斜断层。

（2）观察描述本溪组至杨家屯组地层岩性及岩性组合特征并与太平山南坡相应层位对比。

（3）观察厘定太原组、山西组中发育的次级褶皱构造。

（4）进一步认识太平山向斜构造并比较两翼地层及构造上的差异。

（5）利用便携式电脑或掌上机以及系统测制信手地质构造剖面图（1：2 000）并勾绘路线地质图。

（6）对中东部独立实践区（填图区）进行踏勘，相关的区域地质调查研究的教学内容和要求同路线 13。

3. 教学进程及安排

1）大、小砾岩山之间

依据太原组与山西组地层错开来厘定横断层和斜断层的存在并观其平面组合形态。

2）大砾岩山至太平山山梁

观察该段地层发育情况和各组岩性及其组合特征；识别太原组、山西组中次级褶皱构造；制作信手地质构造剖面图（1：2 000）；确定地层分界点并勾绘地质界线。

3）太平山山梁

了解中东部填图区范围；进一步熟悉地形地物；观察测区基岩出露情况及地层展布概况；进一步熟悉 164 背斜、太平山向斜、NNE 向叠加褶皱等主要构造展布位置和总体轮廓；了解测区穿越条件等。

4）方头山

仍按太平山山梁点的观察内容及程序，对方头山以南地区进行全面了解，以便为独立填图的设计工作作好准备。

路线 15　周口河地貌和第四纪地质观察路线及中部独立实践区踏勘

1. 教学路线

周口河桥—北京猿人遗址博物馆—探矿所—三不管沟口

2. 教学内容及要求

（1）观察周口河河谷及相邻区段地貌特征，识别有关坡积物、冲积物、洪积物并进行划分与对比，了解周口店地区第四纪地质概况。

（2）按要求利用便携式电脑或掌上机以及计算机软件系统测制周口河河谷第四系横向联合剖面图。

（3）参观北京猿人遗址博物馆，观察岩溶地貌和洞穴堆积。

（4）中部独立实践区（填图区）踏勘，其范围包括周口河河谷区段及其相邻地区。作为新型国土资源调查及填图试验区，除常规踏勘内容外，还应了解有关环境地质、水文地质、工程地质、灾害地质、旅游地质及农业地质等方面的情况。

（5）了解新型国土资源调查规范要求、图示要素，确定第四系填图单位、路线布置原则。

(6) 按要求系统采集第四纪沉积物样品和水样品等，以供便携式测试分析仪测试分析。

3. 教学进程及安排

1）龙骨山一带较高地段

介绍实习区第四纪地质地貌概况，在目之所及范围内引导学生观察太平山、龙骨山、周口河河谷等处构造剥蚀丘陵区、岩溶化丘陵区和侵蚀堆积河谷区等各类地貌单元及特征。

2）猿人洞

观察猿人洞所处地貌位置、洞穴形态特征及与地质构造的关系、洞内堆积物层序及岩性特征；了解堆积物中古生物化石、古人类化石和古人类文化遗迹。

3）山顶洞（图 3 - 18）

基本观察要点同猿人洞。

图 3 - 18 山顶洞（赵俊明拍摄，2008）

4）参观北京猿人遗址博物馆

5）周口河桥

观察三级阶地发育状况及表现特征；对比河谷两岸阶地发育的横向差异；向上游至探矿所远观其纵向变化、周口河水质污染状况并采集水样品。

6）老牛沟口

观察描述并制作第四系地质剖面，其内容包括沉积物类型、岩性、岩相、厚度并分层；采集标本和样品；横穿周口河河谷至东岸完成河谷横剖面图（1∶2 000）。

7）探矿所

观察内容包括：

（1）周口河河谷在此段变窄（谷宽仅100～150m）而成为峡谷且为不对称的“V”形谷：东岸谷坡陡峻，坡度达40°～60°，局部近于直立，谷坡皆为基岩；西岸谷坡较为平缓，其上发育较厚的中、晚更新世坡积物。

（2）周口河东岸为侵蚀岸，由于重力侵蚀不仅使坡度变陡且形成临空面，使得太平山西端形成复杂的滑坡系统，至少由3个滑坡体构成，滑坡面均向西侧周口河方向倾斜，滑体岩块崩落已在坡脚处形成大小混杂的重力堆积而构成倒石堆地貌，业已成为地质灾害。可让学生了解滑坡危害性的同时探讨其形成的地质背景。

提示：滑坡发育的地质背景及主要影响因素是，其一，河谷临空面的形成；其二，NE、NW向断层或节理构成斜坡块状体结构的薄弱面；其三，C—P煤系地层粘土矿物含量较多且较为破碎而易形成软弱滑动界面；其四，该处煤矿采空区导致山体失衡。

（3）测制该段河谷横剖面图，要求同周口河东岸。

8）三不管沟口

观察内容有：

（1）观察周口河上游低山丘陵区地貌特征。

（2）观察周口河平面形态，即在此点向上游沟谷渐宽，至西庄—东山口一带已宽达1km而成为宽谷。

（3）观察低山丘陵区植被和农作物类型及发育状况。

（4）分别于三不管沟口（基岩以碳酸盐岩为主）、东山口（基岩以花岗岩类为主）、升平山北侧（基岩以碎屑岩为主）采集土壤样品和水样品，返基地后用便携式测试分析仪进行化验对比。

9）鸡骨山东侧公路桥

自三不管沟口沿周口河顺流而下至该点，观察教学内容有：

（1）沿途了解周口河河谷平面形态变化呈串珠状：三不管沟上游宽达1km；探矿所区段仅100余米；下游向南东渐宽，至周口店以南呈开阔扇状倾入华北平原。

（2）沿河谷纵向追索观察阶地变化特征。

（3）了解南边山前倾斜洪—冲积平原区（房山—牛口峪—云峰寺—周口村一线以南）地形特征，农作物类型及发育状况。

（4）按前述要求制作周口河河谷横剖面图以便对比。

（5）在该点及其附近采集适量水样品和土壤样品，将其化验分析结果与上游各点进行对比。

路线16　东山口—乱石垅变质岩、岩浆岩综合研究路线及北部独立实践区踏勘

1. 教学路线

东山口—乱石垅—细脖子沟

2. 教学内容及要求

北部独立实践区（填图区）是指三不管沟以北区域。以往独立填图实践主要是在盖层区进行，仅侧重于对学生进行地质调查方法和能力训练，而对其科学研究意识培养不够。选择该区段填图则可对基底变质岩系、房山复式岩体等方面进行深入研究，同时还涉及到与新型国土资源调查相关的某些内容。

（1）研究基底结晶变质岩系——官地杂岩（Arg）岩石学特征、变质程度、展布范围、区域构造位置、形成时代及其内部韧性变形形迹。

（2）研究房山复式岩体岩石学特征、各种包体（捕虏体、析离体）分布分类规律及成因、岩体内部相带或单元划分标志、不同岩体和岩脉形成相对顺序以及它们与围岩的接触关系。

（3）北部填图区第四纪地质、工程地质、环境地质和农业地质等现状调查。

（4）进行全面踏勘，以便为独立填图和小型专题研究作好准备工作。

3. 教学进程及安排

1）一条龙西端

了解北部填图区范围；主要地质体展布区域；观察花岗岩丘陵地貌特征；洪积物组成的地貌形态及其岩性、结构特征，纵向变化规律及剖面上新老洪积扇的关系。

2）乱石垅一带

该区段主要观察石英闪长岩、房山花岗闪长岩、官地杂岩（Arg）及部分盖层岩系分布区域，各种地质体接触关系，尤其是寻找研究主剥离断层及其伴生构造的存在依据等。划分填图单元，确定填图方法，设计填图路线，明确研究专题。

3）细脖子沟一带

该区段邻近工业废水排泄场所——牛口峪水库南西侧，观察净化后的水质和土壤状况及对植被、农作物影响情况。在教师指导下按要求从乱石垅—细脖子沟一带系统采集水样和土样进行化验分析研究，以便填图时圈定出可能存在的污染区。

路线 17　升平山—木岩寺地层、构造综合研究路线及西部独立实践区踏勘

1. 教学路线

煤仓南沟—升平山—木岩寺—娄子水西

2. 教学内容及要求

升平山—黄院一带是近东西向构造和北东向构造复合部位，是研究板内造山的有利区段。为加强此方面深入研究和利用高新技术进行区调工作，于近期在周口河以西开辟扩展该处为独立实践区（填图实验区）。主要教学和研究内容包括：

（1）在较大区域内对地层进行观察和对比。

（2）观察印支期近 E—W 向构造与燕山期 NE—NNE 向构造复合关系，了解燕山式板内造山作用表现形式和区域构造格局。

（3）对新开辟的独立实践区（填图区）进行全面踏勘。

3. 教学进程及安排

1）煤仓南沟（升平山北坡）—升平山

（1）了解地层发育状况。观察研究升平山南、北坡出露的地层并与太平山南、北坡进行对比。据区域地质资料得知，在升平山山脊部和北坡尚有中、上二叠统红庙岭组地层出露，应对其岩性、岩性组合等特征进行观察描述。

（2）了解分析构造发育状况。据前期教学路线观察，从升平山南坡至龙骨山依次出露有山西组、太原组、本溪组和马家沟组，完全可以与太平山南坡地层进行对比，而两处北坡地层发育却迥然不同。若此，业已确认的太平山向斜是否延伸到升平山？该处构造样式和特征如何？是太平山向斜枢纽波状起伏导致扬起、倾伏亦或叠加作用引起的构造变化？还是周口河河谷有断裂存在而对两侧地层、构造有所影响？应让学生带着问题进行填图和专题研究。

2）木岩寺北东侧 387 高地

沿升平山山梁向西至该处。沿途了解观察西部填图区范围、基岩出露状况及区域地层展布概况；划分填图单元；熟悉测区地形地物和穿越条件；系统测量收集不同期次、不同类型的线理和面理产状。

3）木岩寺—娄子水西

此段路线与西侧黄院东山梁地层剖面平行且相距不远，大部分地层可进行对比。要求学生厘定划分各组地层并对其岩性、岩性组合进行观察描述；识别典型地质构造现象，尤其注重对上述各种线理、面理的观察、测量和研究，分析是否有构造叠加、复合或交切；制作信手地质构造剖面图（1∶2 000）并勾绘路线地质图。

路线 18　黄山店断裂、褶皱综合观察研究路线

1. 教学路线

恒水厂—黄山店—鸡场

2. 地质概况介绍

此观察研究路线与南东（SE）侧八角寨—拴马桩教学路线（路线 2）所出露的地层可以对比，自下而上为雾迷山组、洪水庄组、铁岭组和下马岭组。但该区段却能观察到一系列倒转褶皱构造，其倒转翼部的洪水庄组、下马岭组软弱层系中发育有逆冲断层，两者组合称为褶皱—冲断构造。此种构造类型在实习区西部黄山店、黄元寺、上方山、霞云岭等处皆有发育且颇具特色。

黄山店一带发育的倒转褶皱表现为两翼岩层产状平缓且向南倾斜。清楚者为该村北山以下马岭组为核部；铁岭组、雾迷山组（洪水庄组由于村北山下断层破坏而缺失）为翼部的倒转向斜构造，山脚正常翼与山梁倒转翼分别由雾迷山组中的叠层石正常与倒转显示出来。

3. 教学内容及要求

（1）进一步熟悉中元古界、新元古界地层岩性及其组合特征。

（2）识别厘定褶皱—冲断构造，并对其特征及组合样式进行观察研究和描述。

（3）观察认识原生沉积构造、软沉积变形构造表现特征，研究它们在较大尺度构造之不同部位的分布状况及构造意义。

（4）制作构造景观素描图、典型地质现象素描图并用数码相机拍照。

4. 教学进程及安排

1）恒水厂水渠旁

该处为一倒转背斜正常翼所在，出露有雾迷山组厚层状白云岩。观察认识正常层位发育的叠层石、泄水构造、冲刷构造、小型生长断层及扰动层理等原生沉积构造和软沉积变形构造，并对其进行测量、素描、照相和描述。

提示：原生构造形态完整、厚层状白云岩内部的矿物定向不明显、次生构造线理和面理欠发育等现象说明该处岩石变形强度不大，在较大构造尺度上可视为一相对稳定的弱应变域。

2）黄山店村东侧北沟口

此处为黄山店北山倒转向斜正常翼所在，出露为雾迷山组厚层状白云岩，观察认识正常层位发育的叠层石构造。

3）黄山店小学后侧南沟口

观察描述内容如下：

（1）向北远观前已述及的黄山店北山大型倒转—平卧褶皱全貌及转折端形态，向学生提示其枢纽呈 NNE75°～80°方向延伸，轴面向 SSE 倾斜。与褶皱相伴的逆冲断层，在更北侧

的黄元寺东沟628高地附近为其消失点。

(2) 在该处业已褶皱的雾迷山组中观察叠层石形态特征。由于冲断层的影响（不排除次一级顺层剪切作用）使得纹层向上穹起的墙状叠层石和柱状叠层石变形歪斜，极端者呈现平卧和倒转的状态（此大型构造标本已采运基地，作为地质展景置放，可进一步在室内观察）。

提示：与第1观察点原生沉积构造对比，此区段显示出强变形带之特征。

4) 黄山店村西公路壁

从黄山店村西沿公路观察，依次出露倒转向斜下翼铁岭组薄层状白云质结晶灰岩和核部下马岭组千枚状板岩。观察认识露头尺度的各类小型构造诸如豆荚状褶皱、层劈关系、构造置换等现象并进行测量、描述、素描和照相，同时分析与大一级构造关系。

5) 鸡场

黄山店村西三岔路口至部队营房一段基岩露头连续而良好，仍为倒转向斜下翼铁岭组薄层状白云质结晶灰岩，是一强应变带所在。其中小型紧闭褶皱、肠状褶皱、杆状构造、劈理置换以及露头尺度上的S—C组构等现象典型直观，是进行构造解析和小型专题研究的理想场所。该区段与褶皱相伴的较大规模的逆冲断层未见发育，如此强烈变形则是顺层剪切作用所致。

路线19　东岭子—下苇店区域地质考察路线

1. 教学路线

东岭子—磁家务—东庄子—下苇店

2. 教学内容及要求

(1) 考察房山复式岩体北侧区域地质并与实习区进行对比。

(2) 理解板内造山作用的表现特征及在区域尺度上的差异性。

3. 教学进程及安排

1) 东岭子北东侧公路剖面

自东岭子沿公路向北东观察如下内容并与实习区相关地质现象进行对比：

(1) 东岭子石英闪长岩体。观察岩性特征、空间展布形态、与实习区所见岩类对比并分析侵位机制。

提示：此岩体与实习区官地—东山口一带分布的暗色石英闪长岩岩性类同且为同时代产物，均呈孤立零散状分布于复式岩体外缘，其成因是晚期花岗闪长岩以气球膨胀式侵位、脉动上涌和向周围扩张，导致早期残破的石英闪长岩外壳向外围运移就位。

(2) 构造片麻岩带。观察岩石类型、岩性组合特征、变质—变形程度、接触关系并与实习区所见同类地质体进行对比。

提示：分布在实习区房山复式岩体南缘官地—乱石垅—山顶庙一带的片麻岩类可与之进行对比，同属官地杂岩组成部分。该带南段被房山复式岩体之石英闪长岩（东岭子岩体）侵入其中；北侧与寒武系—奥陶系地层呈断层接触。在露头尺度可观察到由暗色不连续纹带和浅色条带构成的流状构造、长英质眼球状构造、石英极度拉长而呈拔丝构造等糜棱岩之特征，与实习区山顶庙西沟杂岩带中的糜棱岩相似，均为S—L构造岩。

(3) 剥离断层。此点剥离断层直接的构造标志欠佳，但地层缺失效应明显。

提示：与实习区羊屎沟等处相比，官地杂岩在该段直接与寒武系—奥陶系接触而未见中、新元古界地层出露，说明剥离断层在岩体北侧导致的构造流失现象更为明显。

2) 东庄子—李各庄考察路线

考察路线沿大石河进行，所见地层包括新元古界下马岭组、龙山组、景儿峪组和寒武系府君山组，观察内容有：

(1) 东庄子采石场大型鞘褶皱。鞘褶皱由府君山组灰岩中的白云岩夹层所显示（夹层厚约40cm)。在垂直褶皱 X 轴的采壁上，可见2～3层白云岩呈不规则眼球状圈闭；平行 Y 轴的南、北两壁则呈平卧褶皱形态，远观鞘褶皱枢纽向东凸出，从而在三度空间上表现出该构造全貌。此处尚可观察测量府君山组豹皮灰岩中业已强烈变形的“豹斑”（未变形时为不规则的等轴状，如实习区路线3黄院剖面所见)，多呈长条状、不规则椭圆状成带分布而构成拉伸线理，其指向为SE 130°，与上述鞘褶皱枢纽大体一致。

(2) 李各庄大型叠加褶皱。于李各庄村南铁路旁远观背形构造宏观特征：转折端开阔圆滑，轴面直立，貌似简单背斜构造。两翼由内向外分别由府君山组、馒头组—毛庄组、张夏组和上寒武统组成，但核部却包容龙山组、景儿峪组构成数个规模不等的翻卷褶皱和平卧褶皱，即早期褶皱的轴面作为变形面再次发生弯曲。

为使学生加深理解，可进一步缩小观察尺度和范围，至檀木港村背形转折端处观察：于村西陡壁上发育一个中等规模的、由景儿峪组条带状大理岩构成完整清楚的平卧背斜构造，其中更次级的从属褶皱显示出紧闭的“SMZ”组合样式。

此点观察后的总结要点是，其一，从时间上要区别褶皱形成的世代关系；其二，从尺度上要厘定褶皱的级别关系。

3) 下苇店地层观察剖面

(1) 剖面概况：剖面位于门头沟—下苇店一带，所观察的寒武系地层沿公路和铁路旁壁连续分布，露头极佳。与实习区黄院东山梁同时代地层相比，该剖面各组地层未有缺失，变质和变形作用弱。各组地层的岩性及其组合、岩相、厚度、原生沉积构造和接触关系等方面均可与华北其他地区同时代地层进行区域对比，反映了陆块（板块）相对稳定的属性。实习区内未能分解的下寒武统馒头组、上寒武统黄院组在此均能准确地分别厘定出馒头组、毛庄组和崮山组、长山组、凤山组。

(2) 教学要点：①按前人研究成果和在剖面上示出的分层标志线逐层观察接触关系、岩性及其组合特征；②观察描述典型地质现象如丘状层理、刨蚀构造、竹叶状灰岩排列方式等，并素描和照相；③了解各组地层厚度；④分析沉积环境。此地层剖面观察后的总结要点是：与实习区进行对比，认识稳定区与活动区在沉积作用等地质事件上表现出的差异性；进一步理解实习区的活动性是板内（陆内）造山作用的结果。

路线 20　孤山口—十渡旅游地质考察路线

1. 教学路线

孤山口—三岔村—十渡

2. 教学内容及要求

(1) 了解实习区西部三岔村—十渡一带区域地质特征并与实习区进行对比。

(2) 理解板内造山作用特征及区域地质构造的不均一性。

(3) 分析十渡峡谷形成的地质背景并对其旅游资源进行评价。

3. 教学进程及安排

1) 孤山口火车站两侧峭壁

作为一条独立教学路线（路线 12）已介绍，故从略。本路线之所以从该变形—变质作用复杂区段开始，是便于与下述各观察点进行对比。

2) 孤山口—三岔村观察路线

此段路线大致沿三岔复式背斜轴迹自东向西观察。组成复式背斜核部及两翼的地层皆为雾迷山组，轴向 NE 60°左右，孤山口一带为其倾伏端所在，路线 10 观察到的复杂褶皱实为倾伏端之北翼。向西纵向追索至下中院与三岔村分水岭处（488 高地一带），即为复式背斜转折端部位，虽被次一级褶皱复杂化，但由于露头良好仍能清楚地观其全貌；再向西至三岔村一带，背斜总体形态渐变为开阔平缓的构造样式；从三岔村开始向西，背斜轮廓已不明显，岩层呈低角度的波状起伏直至水平。

要求分段于孤山口火车站、488 高地一带和三岔村等处制作背斜构造横剖面图（即联合构造剖面图），加深对该复式背斜区域变化特征的认识以及学会剖析大型构造的思路和方法。

3) 三岔村—十渡观察路线

沿途所见仍为雾迷山组岩性，岩层大部分近水平或呈低角度的单斜层，局部发育开阔平缓的断续褶皱。

4) 十渡峡谷区观察路线

十渡因拒马河蜿蜒蛇曲、涉河穿越需 10 次涉渡而名，是古冀西山通往北京的大道。区内展布的地层为水平或近水平状态产出的雾迷山组白云岩、白云质灰岩，是北京乃至华北地区少见的喀斯特峰林地貌景观区。峡谷内奇峰屹立，流水清澈，有“北方大峡谷”、“北方小桂林”之称，近年来已开辟为旅游区和影视拍摄基地。

从峡谷口向内（总体向北）依次安排的教学观察内容有：

(1) 一渡。为拒马河汇入华北平原处。在此观察识别河流阶地；远观三皇山风景区由水平岩层组成的峰林地貌并绘制景观素描图和照相；在公路旁侧观察发育良好且未变形的大型叠层石。

(2) 三渡。此段河床平缓、水流缓慢，引导学生观察岩层与水面近于平行，以加深理解水平岩层的概念；观察缝合线构造、层间张节理、“巧克力方盘式”石香肠构造、底辟褶皱等，并进行素描和照相；观察区域节理的发育状况，并且测量其产状和岩层（两组区域节理分别为NW320°∠83°、SN120°∠85°；岩层产状为SE100°∠5°），在此基础上分析拒马河数度弯曲的地质背景。

（3）六渡。大致呈NE向展布的煌斑岩脉，经风化剥蚀后构成次级峡谷而显示出“一线天”旅游景观。

（4）七渡。发育有开宽圆滑的、规模不大的短轴状褶皱构造（图3-19），由两个背斜和一个向斜所组成。褶皱轴向近东西延伸，向南北两侧岩层产状渐缓趋于水平。理解在以水平岩层为主的区域内，出现褶皱构造是应变局部化的标志。此种褶皱一般多为断续褶皱，观察时注意产状逐渐变化的特征。

（5）八渡。观察局部应变强化而形成的断坪、断坡构造并进行素描和照相。

（6）十渡。参观由国家民政部授予的爱国主义教育基地——平西抗日烈士陵园，此处已被中国地质大学（武汉）挂牌辟为德育教育基地。

图3-19　七渡背斜构造（赵俊明拍摄，2008）

4. 思考与讨论

（1）从岩层变质—变形较为明显的实习区，经过三岔村一带地质构造过渡区，直至十渡未经变质—变形或变形微弱区，这种在区域上由强到弱的地质变化特征说明了什么问题？联系到北部下苇店一带亦属于变质—变形较微弱区段，试综合分析实习区大地构造属性，总结板内造山作用的表现特征。

（2）分析十渡峡谷区形成的地质构造因素。

（3）综合分析、评价周口店及其邻区地学旅游资源、自然景观和人文旅游资源，并提出合理开发和规划意见。

5. 教学提示

（1）经区域地质调查研究，大致以房山复式岩体为中心，往北、往西之半径约15km的范围内，岩浆活动及变质、变形作用均较为强烈；东部、南部虽为山前平原区，但经地震资料分析亦有一定的活动性，说明实习区属于板内造山活动带，但此类造山机制尚待深入研究。

(2) 十渡峡谷形成的地质背景概括为：其一，此区段碳酸盐岩发育；其二，呈水平状态的岩层被两组近直立的区域性节理所切割（煌斑岩脉亦受区域性节理或断层控制）；其三，地壳急剧抬升剥蚀等。

路线 21　长流水—上寺岭登山训练及区域地质考察路线

1. 教学路线

黄山店—长流水—上寺岭

2. 教学内容及要求

(1) 攀登实习区内最高峰上寺岭（1 307m）以训练艰苦奋斗、团队协作、野外生存等能力。

(2) 鸟瞰实习区地形、地质全貌。

(3) 宏观了解北岭叠加向斜构造和其核部的岩石地层单位。

(4) 典型地质现象素描、照相并采集主峰岩石标本。

3. 教学组织、进程及安排

(1) 此路线宜安排在实践教学后期进行。首先选择数名身体条件好和具有登山经验的师生选线、设营、试登；选拔培训队员并传授野外生存、登山技术和注意事项；组织落实大本营和各攀登营地负责人、各登山梯队队长以及后勤、医务人员；准备交通工具、通讯设备、登山设备、医疗器械、药品、食品和饮料等；成立登山领导小组并严明登山纪律，所有人员必须接受统一指挥。

(2) 选择晴天攀登，时间 1 天，无论登顶成功与否，下午 3 时所有师生必须返回大本营（长流水村）。在营地的门后必须贴一张路线细则，这包括出发时间、小组人数以及预期返回时间。有手机的队员必须把手机带上，并且确保电池充足。整个团队至少必须带上一台 GPS 接收器，或有可能的话，每个梯队应该有一台。

(3) 登山队员以 3～4 人梯队形式编组，梯队队长、教练由教工担任。

(4) 早上 6 点乘车出发至大本营，各攀登营地负责人先行出发，然后各梯队依序攀登。由于身体条件或其他原因不能继续攀登者，由梯队负责人就近安排在某一营地休息或由营地负责人组织下撤，梯队队长和营地负责人之间必须有严格移交手续。

(5) 登顶队员在主峰不宜过久逗留，一定要有妥善的计划和安排，并为返程留有充足时间。当完成各项教学任务和身体得到恢复后准确清点人数并及时撤退返回。危险大多经常出现在下山时，所以在下山时，队长必须走在最后。

(6) 此项教学活动可灵活安排，亦不硬性要求所有师生参与。如果有的教师对自己的攀登行为没有足够的信心，可以允许他们像学生一样作为普通成员加入攀登团队。若有下列情况之一者即取消该项教学活动：①未经校方和国家登山协会或当地政府有关部门批准；②天气状况不佳（炎热、阴雨、大雾或大风等）；③上述各项准备工作未能全面落实。

第四章　独立实践（填图）

独立实践（填图）是十分重要的教学环节。为顺利完成该项实习任务和填图前的踏勘、路线布置和工作设计，在对各独立实践区（填图区）地质情况简要介绍的同时亦提出相应的教学要求。每一独立实践区（填图区）涉及的地质问题和实习的侧重点不同，因此，在保证教学质量的前提下并考虑到时间和进度，每班选择两个区域进行综合训练为宜；填图组织仍以原教学小组为基本单位。合适区域如下。

一、东部独立实践区

范围大致包括牛口峪水库外围房山西至山顶庙一带。区内分布的地层有官地杂岩(Arg)、中、新元古界和下古生界等；侵入体包括“灯泡”岩体和房山复式岩体一部分；构造以断裂为主，多为走向断层且构成地层间的接触界面。另外，牛口峪水库作为排污场所导致的环境地质、水库渗漏涉及的工程地质、房山西活动断裂与地震关系等均为重要的地质调查问题。

在该区进行独立填图需乘车往返，牛口峪和山顶庙均有公路通行可作为送、接地点。教学要求除进行常规地质调查方法训练外，尚要利用 GPS、便携机、数码相机和便携式测试分析仪进行地质数据、信息采集和处理等现代高新技术训练。重点解决的基础地质问题主要是断裂构造，包括其空间展布、存在标志、性质（正断层、逆断层、脆性断层）、相对活动时间以及活动断裂对工程地质（牛口峪水库大坝渗漏）和地震地质（房山西断裂旁侧设有地震监测站，可收集有关信息和资料）的影响等方面。在调查研究过程中还应在牛口峪水库及其附近按要求系统采集土样、水样并利用便携式测试分析仪进行化验，了解工业废水净化程度以及排泄和渗漏后是否对周围环境造成影响并作出相应评价。

二、中东部独立实践区

位于牛口峪水库和南洛凹之间的太平山南北坡。出露的地层为下古生界马家沟组至上古生界杨家屯组，各类岩石在区域变质基础上又叠加了热变质作用。主体构造是以褶皱为主，包括著名的太平山向斜和 164 背斜；北坡发育有横断层和斜断层，但规模较小。马家沟组灰岩、太原组和山西组含煤层是测区主要矿产，但由于开采所导致的灾害地质（滑坡）和由于烧制水泥和石灰造成的环境污染较为严重。

在该区进行独立填图步行往返。常规地质调查方法训练和高新技术运用等方面教学要求同前。要解决的基础地质问题是上古生界地层在太平山南北坡发育的差异性是相变还是构造作用所致；马家沟组和本溪组间的平行不整合界面在南北坡差异的影响因素等。重点应加强不同世代的褶皱构造研究，其中包括印支早期（或前印支期）层内紧闭褶皱、无根褶皱的成因机制、表现特征及与后期褶皱作用的叠加关系；印支主期形成的太平山向斜、164 背斜成因机制及诸多伴生构造的特点和组合样式；萝卜顶、二亩岗、煤矿沟等处发育的近南北向（或北北东向）褶皱是印支主期褶皱由于枢纽波状起伏所致亦或是燕山期横跨叠加褶皱等问题。

另外，对测区小型煤矿和石灰岩的过量开采导致植被破坏和滑坡、烧石灰和生产水泥对测区大气污染等灾害地质、环境地质和可持续发展问题亦应在教师指导下进行调查并提出资源合理开发和综合利用的建议。

为了充分利用现代化设备和高新技术而扩展的独立实践填图区域，故教学要求的重点是在大范围内广泛采集各种属性数据、图形数据等地质信息，全程利用计算机软件程序和“多S”技术填图、成图。在全面系统掌握现代地质技术和方法的同时，亦要求在区域上对前述3个小区的基础地质问题及彼此间的关系进行合理解释；用板内造山的观点对各小区的差异性进行探讨。

第五章　经典地质遗迹简介及小型专题研究教学要求

专题研究活动一般不受实习大纲制约，旨在拓宽学生知识面、提高实践教学兴趣、培养科研意识及地质思维和创新能力。学生在实习过程中对某些地学现象感兴趣而萌发进一步研究和探索的思想应得到支持和鼓励，但必须严格按照实习大纲要求，完成路线教学阶段、半独立实践阶段（路线考查或考核）、独立实践（填图）阶段等各项教学任务并在保证“四基”（基本教学秩序、基本教学内容、基本教学规范、基本考核标准）的前提下方能进行。

开展此项教学活动首先应作好选题工作，查阅或向教师咨询有关专题研究现状、前人研究成果和资料。在教师的指导下制定研究计划和程序。选题要结合实际而不能过大、过深，1 题至少应有 3 人参加。专题的野外研究和资料收集工作一般安排在实习的中后期，最好与独立填图结合进行，时间 2～3 天。研究成果可视为实习报告的一部分并以创新分另计。现提供部分研究内容予以参考，研究者亦可自行选择或开辟新的研究题目和场所。

一、不整合接触关系观察研究点

1. 位置

煤炭沟

2. 地质简介

此点为马家沟组与本溪组分界点。两者之间虽有地层缺失，但上下地层产状一致，故应为平行不整合接触关系。不整合界面暴露清楚且有古风化壳存在。

3. 观察研究要点

（1）测量不整合界面及上、下地层产状并进行对比。

（2）观察分析古风化壳物质组成并测量其厚度；有条件时取样分析。

（3）观察研究不整合界面是否有构造滑动现象。

（4）该不整合接触关系除煤炭沟外，在太平山南坡的 164 背斜两翼、162.9 高地以及太平山北坡的大砾岩山、小砾岩山都可观察到。可对其上、下地层发育情况和岩性及其组合特征进行对比研究，尤其是太平山北坡不整合界面之上的复成分砾岩（本溪组底部，习称“三好砾岩”）有一定厚度，而在南坡该套岩性却未见出露。此种缺失是地层相变还是断层构造所为？前人一直未有定论，可作为一个研究重点给予探索。

（5）通过阅读资料了解此不整合界面的区域展布、形成的大地构造背景、地壳运动性质、构造运动名称并研究分析大地构造意义。

4. 教学提示

包括此平行不整合界面在内，实习区内盖层地层系统中共有 3 个明显的区域不整合界面，另外两处分别位于黄院一带景儿峪组与府君山组之间以及八角寨一带下马岭组与铁岭组之间，皆可视为经典地质遗迹。除煤炭沟外，另外两处亦可根据情况进行研究和教学。

二、马家沟组上部砾岩观察研究点

1. 位置

煤炭沟口东壁 164 背斜转折端处

2. 地质简介

在 162.9 高地北侧的马家沟组与本溪组接触界面处，即马家沟组顶部亦含有一层灰岩质角砾，但角砾破碎零乱。而该处相同层位的灰岩质角砾则呈透镜状、椭球状、扁平状，其长轴大者可达 5cm 左右。初步观察，砾石长轴方向与 164 背斜枢纽一致。

3. 观察研究要点

（1）在马家沟组分布区域内（考虑到交通方便和时间因素，调查区域不宜过大，可限于太平山南北两坡）顺层追索观察，在同一层位中是否能够寻找到同类砾石分布露头，分析研究此种地质现象是否具有普遍性。

（2）根据砾石的成分、形状、赋存层位、排列方式、产出状态分析研究是同生角砾、岩溶角砾还是构造角砾。

（3）若为构造角砾则在该点进行砾石应变测量，分析其成因背景是与剥离断层有关还是与 164 背斜褶皱作用过程中的层间滑动有关。

三、下苇店上寒武统风暴流沉积观察研究点

1. 位置

下苇店铁路旁

2. 地质简介

该处上寒武统与实习区黄院地层剖面同时代地层（黄院组）相比，显示了陆块稳定型沉积之特征，表现出岩性、厚度变化不大且可在区域上进行对比。上寒武统之崮山组、长山组和凤山组在此剖面可以区分开来。各组竹叶状石灰岩发育是一重要特色，岩性呈灰色，单层厚度 15～60cm。竹叶状砾屑含量 70％左右，其大小为 1.5cm×0.3cm～10cm×1.2cm；竹叶状砾屑成分大部分为灰泥石灰岩，仅少许为鲕粒石灰岩。据观察，竹叶状砾屑排列方式为平行状、叠瓦状和菊花状。

3. 观察研究要点

（1）观察认识竹叶状砾屑排列的 3 种方式并对其形状特征进行描述、素描和照相。

（2）分析不同排列方式的竹叶状砾屑所反映的搬运方式、水流强度。

（3）通过研究竹叶状石灰岩结构形态、刨蚀构造、丘状波痕等，进一步理解风暴流沉积特征，分析各组（崮山组、长山组、凤山组）地层沉积环境。

四、恒水厂原生沉积构造及软沉积变形构造观察研究点

1. 位置

恒水厂水渠旁侧

2. 地质简介

恒水厂一带出露的雾迷山组厚层状白云岩变形微弱，矿物定向不明显。在水渠旁侧峭壁上发育有良好的泄水构造、冲刷构造、扰动层理、小型同沉积断层；该区段附近还发现有纹层向上穹起的藻叠层石等。这些软沉积变形构造和原生沉积构造皆限于雾迷山组同一套层序内。

3. 观察研究要点

（1）认识各类原生沉积构造和软沉积变形构造。

（2）分类对其发育状况、形态特征进行观察、测量、描述并进行素描和照相。

（3）可与路线教学中所见同类地质现象进行对比，如黄山店一带雾迷山组中发育的变形藻叠层石构造等。进一步了解原生沉积构造和软沉积变形构造发育的层位、变形程度和差异。

（4）理解构造变形在区域上的不均一性并建立强应变带和弱应变域的基本概念。

五、牛口峪一带化石采集研究点

1. 位置

山顶庙东沟—牛口峪水库管理处—房山西

2. 地质简介

此区出露的中、上寒武统以鲕状灰岩、泥质条带状灰岩为主夹薄层状变质粉砂岩。由于断层影响使得地层连续性较差，仅从岩性上难以与地层发育良好的黄院、下苇店等同时代地层剖面进行对比。虽然在牛口峪水库东侧泥质条带状灰岩中曾采到 *Blackwelderia* sp.（蝴蝶虫）、变泥质粉砂岩中采到 *Ptychaspis* sp.（褶盾虫）、*Obolus* sp.（圆货贝）和 *Lingulella* sp.（小海豆芽）等化石，但含化石的层位包含了整个上寒武统，组间地层界线仍难于确

定。若通过化石的采集和进一步鉴定能解决上述问题，将是一件十分有意义的工作。

3. 化石采集及其研究要点

（1）此处构造变形较强，劈理发育，岩石破碎。采集化石应避开破碎带，同时要认真观察层劈关系。

（2）对所采到的化石无论是完整个体还是碎片都应妥善包装，按要求进行编录登记。

（3）室内进一步对化石标本整饰和鉴定。

（4）根据化石资料，尽可能地对牛口峪一带中、上寒武统地层进行分解并厘定各组地层界线。

4. 教学提示

实习区内的太平山南北坡石炭系—二叠系地层中含有大量动植物化石；在其他区段的盖层岩系中也有数种化石赋存其中。在周口店基地前期教学建设中有关化石的采集、鉴定、保存和展出是一个薄弱环节，故加强此方面的研究和建设十分有意义。

六、厘定岩浆活动期次观察研究点

1. 位置

官地村西 101.8 高地及其附近

2. 地质简介

此点为岩体、岩脉交切穿插关系观察研究点。在范围不大的露头上，可见岩性有花岗闪长岩、石英闪长岩、伟晶岩和花岗细晶岩脉。据其交切穿插关系，前人对岩浆活动期次和顺序见解不一，有岩浆活动 3 次和 4 次之分。对其详细研究并能准确划分活动期次，显然有助于对房山复式岩体侵位机制乃至整个实习区的岩浆活动规律加深了解，故具有一定的研究意义。

3. 观察研究要点

（1）进一步观察描述各类岩性并给予正确定名。

（2）观其原生线理、面理及接触界面的交切关系、冷凝边发育状况及部位；对岩性、颜色、粒度变化进行详细认真观察；鉴别是否有某种岩体的捕虏体或残留体存在及其赋存状态和地质意义。

（3）在 101.8 高地附近适当扩大范围进行追索，宏观上观察不同岩体、岩脉的分布状态及相互关系。

（4）对不同岩体、岩脉的接触界面和相关的原生线理、面理的产状进行测量。

（5）采集不同岩类标本于室内进行鉴定分析。

（6）进行露头素描、照相并制作大比例尺平面地质图。

（7）可查阅房山复式岩体资料，同时将岩体教学路线中所获得有关资料（如 127.2 高地观察点所见）和本观察点的资料联系起来进行综合分析，最后对本区的岩浆活动期次和顺序进行厘定。

七、变形脉岩观察研究点

1. 位置

鸽子洞采石场北壁

2. 地质简介

于马家沟组灰岩中顺层发育的煌斑岩脉，在某些区段业已变形为断续分布的构造透镜体和石香肠构造。

3. 观察研究要点

（1）采集脉岩标本进行镜下鉴定，观其微观变形特征并正确命名。

（2）测量脉岩宽度，观察描述脉岩构造透镜体、石香肠体的形态特征并进行素描、照相。测量与石香肠体相关的楔入褶皱枢纽和石香肠体的有关要素。

（3）据上述资料分析脉岩早期贯入和后期变形背景，是与东西向主期褶皱构造有关还是与 NNE 向叠加褶皱有关？参考区域资料并与房山复式岩体及相关的脉岩比较，初步分析其形成时代。

（4）参考路线教学和独立填图阶段观察到的、发育于剥离断层带中变形脉岩的特征并与之进行对比，试分析它们是否为同期产物。

八、房山复式岩体中“包体”观察研究点

1. 位置

磊孤山及其附近

2. 地质简介

房山复式岩体不同部位发育的许多“包体”（图 5－1）被前人分别称为捕虏体、析离体和浆混体等（梅森，1996）。

3. 观察研究要点

（1）选择不同研究区段对各类“包体”的形态、规模、产状进行统计测量，对典型者进行素描和照相。

（2）按要求系统采集标本、样品，对其矿物学特征、岩石化学特征进行深入研究。

（3）在上述工作基础上，布置数条横穿岩体相带单元的路线，观察各类“包体”区域上发育特征和分布规律。

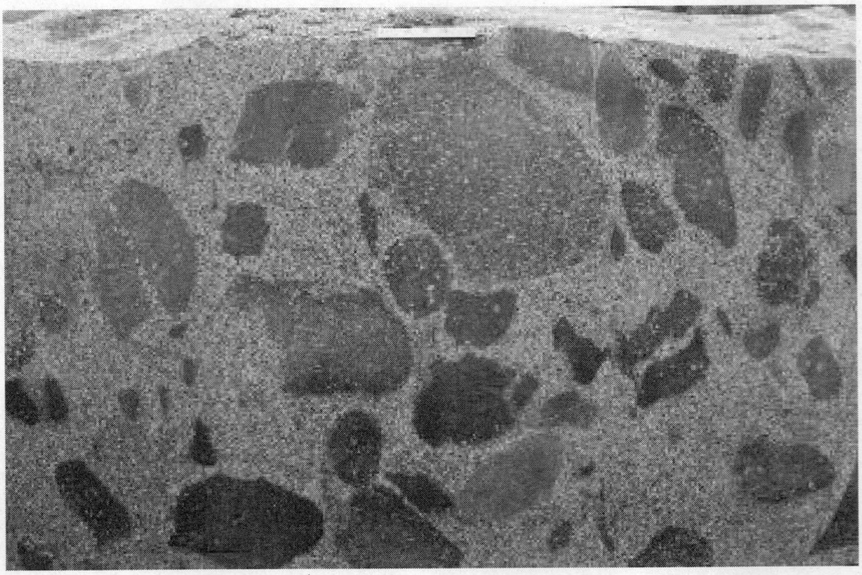

图 5-1　房山岩体中捕虏体（赵俊明拍摄，2008）

（4）综合分析其成因以及在房山复式岩体相带或单元划分中的意义，进一步探讨岩体侵位机制。

九、节理观察研究统计点

1. 位置

164 第一采场（路线 8，地点太平山南坡）

2. 地质简介

于 164 采场不同位置发育有多组节理，它们或与近 EW 向 164 背斜构造有关，有的则可能与 NNE 向叠加褶皱有关。

3. 观察研究要点

（1）选择典型露头，利用节理交切等关系进行分期配套。

（2）选择一定部位或区段进行系统测量和统计。

（3）对所获得资料进行室内归纳整理，要求利用传统的构造解析方法制作节理玫瑰花图或节理等密图，亦要求利用计算机软件系统进行有关的统计、模拟和制图，分析节理与大型构造之间的关系及其形成时的应力状态。

十、火炬状节理观察研究点

1. 位置

164 采场

2. 地质简介

此种构造现象在 164 背斜的南翼（137 高地）和北翼（第二采场、第三采场）均有良好发育，前人对其成因有着不同认识。节理多被方解石等物质充填使其特征更为显著。

3. 观察研究要点

（1）选择典型露头观其火炬状、雁行脉状（图 5－2）节理特征并进行素描和照相。

图 5－2　火炬状节理（赵俊明拍摄，2008）

（2）观察单脉性质并测其产状，观察两列脉体汇合特征并分析是否具有共轭性质。

（3）测量统计脉体产状，用赤平投影图解求出两列脉体交线方位，分析交线所代表的构造意义。

（4）分析成因机制并判断与何种大型构造有关。

4. 教学提示

此种经典地质形迹在孤山口、黄院、黄山店以及邻近的磁家务等处均有发育，可结合教学路线或区域地质观察路线一并分析研究。

十一、层内小型紧闭褶皱观察研究点

1. 位置

164 采场

2. 地质简介

此类小型层内紧闭褶皱构造发育在 164 背斜两翼的马家沟组灰岩中，规模大小不等，从手标本尺度到露头尺度均可见到。除本点外，在鸽子洞马家沟组，三不管沟马家沟组，山顶庙，中、上寒武统，乱石垅铁岭组乃至八角寨—拴马庄桥剖面和黄院东山梁剖面的地层中亦有发育。为观察研究方便，可在周口店附近几处开展工作。

3. 观察研究要点

(1) 对其形态特征和位态特征进行观察研究，尤其是对转折端的形态、两翼被压扁、拉长或改造等状态进行详细观察、描述、素描和照相。

(2) 系统测量与其有关的线理、面理产状，观察这些构造要素与原始层理的关系。

(3) 利用本人收集的资料并参考前人研究成果，对此类构造的成因及相对活动期次进行研究。

十二、137 高地小型构造观察研究点

1. 位置

137 高地

2. 地质简介

此处发育的地层为马家沟组，位于 164 背斜南翼。在不大范围内所见小型构造有层内紧闭褶皱、小型顺层剪切带、节理、劈理、石香肠构造以及楔入褶皱等。小型构造类型齐全，观察研究内容丰富。

3. 观察研究要点

(1) 正确认识厘定各种小型构造。

(2) 分类对各种小型构造的发育情况、形态特征和各种面理、线理进行研究和系统测量。

(3) 根据各类小型构造的关系进行构造期次的划分、配套工作，分析研究它们与某一大型构造的关系。

十三、一条龙断裂构造观察研究点

1. 位置

一条龙北西端铁路旁

2. 地质简介

断裂带宽数米，从该点延伸到山顶庙附近，是区内弧形断带的主干断裂之一。断层北东盘为铁岭组，南西盘为下马岭组。断裂带内断层岩发育较好且类型较全，带内有闪长玢岩贯入，岩脉变形强烈。

3. 观察研究要点

（1）从地层缺失情况并参考区域资料分析断层早期活动特点及性质。

（2）测量断裂带的宽度、断层面及两盘岩层的产状。前人研究成果认为，其早期活动为低角度的剥离断层，试分析现在断面陡倾的原因及构造意义。

（3）采集构造岩标本进行鉴定和分类。

（4）对断裂带中发育的脉岩采集的标本进行鉴定，对其变形特征进行观察研究。应考虑到脉岩早期贯入时断裂为何种性质，后期脉岩强烈挤压呈片理化，构造影响又使片理化再进一步碎裂岩化，此变化过程与断层的多期活动和性质的转化有何关系？

（5）在剖析该点断裂活动期次及性质转化的基础上，进一步对一条龙—骆驼山—山顶庙—房山西弧形断裂带的发展演化进行解释。

十四、向源山北西向断裂观察研究点

1. 位置

周家坡、向源山、山顶庙一带

2. 地质简介

该区段地质构造较为复杂。以往区调成果和教学研究皆将此处视为弧形断裂带通过处，是数条走向断裂在此分支交汇导致数个断片出现且呈弧形展布。近年来在教学实践过程中，通过初步研究认为：除上述因素外尚可能有一组呈北西向延伸的横断层和同方向展布的岩脉存在。

3. 观察研究要点

（1）查明北西向断裂的规模、产状、性质、区域展布规律以及与走向断裂的关系。

（2）查明北西向岩脉之岩性、产状及与同方向断裂的关系。

（3）填制该区段大比例尺构造解析图，查清断裂活动、岩脉贯入等地质事件序列；分析弧形断裂带西段（一条龙—羊屎沟区段）和东段（房山西区段）断裂构造差异性；研究弧形断裂形成背景。

十五、岩石应变测量观察研究点

1. 位置

三不管沟口、大砾岩山、小砾岩山、162.9 高地北侧

2. 地质简介

三不管沟口及其附近的中、上寒武统灰岩中的变形鲕粒、大砾岩山与小砾岩山本溪组底部复成分砾岩中的变形砾石、162.9 高地本溪组板岩中的压力影构造等皆可视为应变测量的标志。

3. 观察研究要点

上述各观察点需在带班教师指导下，对初拟的每一种应变测量标志进行认真观察，观其变形特征是否清楚。具体统计、图解、分析研究的方法和步骤与带班教师商定。

十六、山顶庙矿化现象观察研究点

1. 位置

山顶庙东沟、西沟及其附近

2. 地质简介

该区段（尤其是山顶庙西沟）地层出露既有基底官地杂岩，又有多呈断片形式出现的盖层岩系；岩浆活动除房山复式岩体外，尚有不同方向、不同类型的岩脉发育；褶皱、断裂等构造复杂；混合岩化、绿帘石化、糜棱岩化、碎裂岩化等变质—变形作用强烈。近期教学实践过程中曾发现数处有金属矿化（镜铁矿、褐铁矿）现象，这对以非金属矿产为主体的实习区而言是一个有意义的研究课题。

3. 观察研究要点

（1）野外详查矿化类型、特征及矿化规律，按要求收集有关资料、填制矿点普查卡片并进行必要的素描和照相。

（2）系统采集与矿化有关的矿石及围岩标本和样品，回基地后进一步测试分析。

（3）根据观察、前期学生报告以及出版文章综合分析矿化地质背景，探讨地质意义。

Bilingual Geological Field Guide to Zhoukoudian

China University of Geoscience Press

Chapter 1 Basic Overview of Practical Area

The Zhoukoudian field practical area is located about 50km SW of Beijing. China University of Geosciences has a field practical base in the town of Zhoukoudian, world famous as the site where the remains of *Homo erectus pekinensis* were discovered. Administratively, Zhoukoudian is a part of Fangshan District of Beijing Municipality. The Jing-Yuan railway runs obliquely through the field area and stations at Lianggezhuang, Gushankou and Shidu are departure points for field excursions. A branch-line for transporting minerals goes to Zhoukoudian from Liulihe station on the Jing-Guang railway line. Highways between Lianhuachi and Zhangfang, Tianqiao and Fangshan etc. connect to Beijing, and there are country roads from Zhoukoudian to all the different field study areas, making access convenient (Fig. 1. 1) . It can be directly reached by taking bus 917 from Beijing West Railway Station.

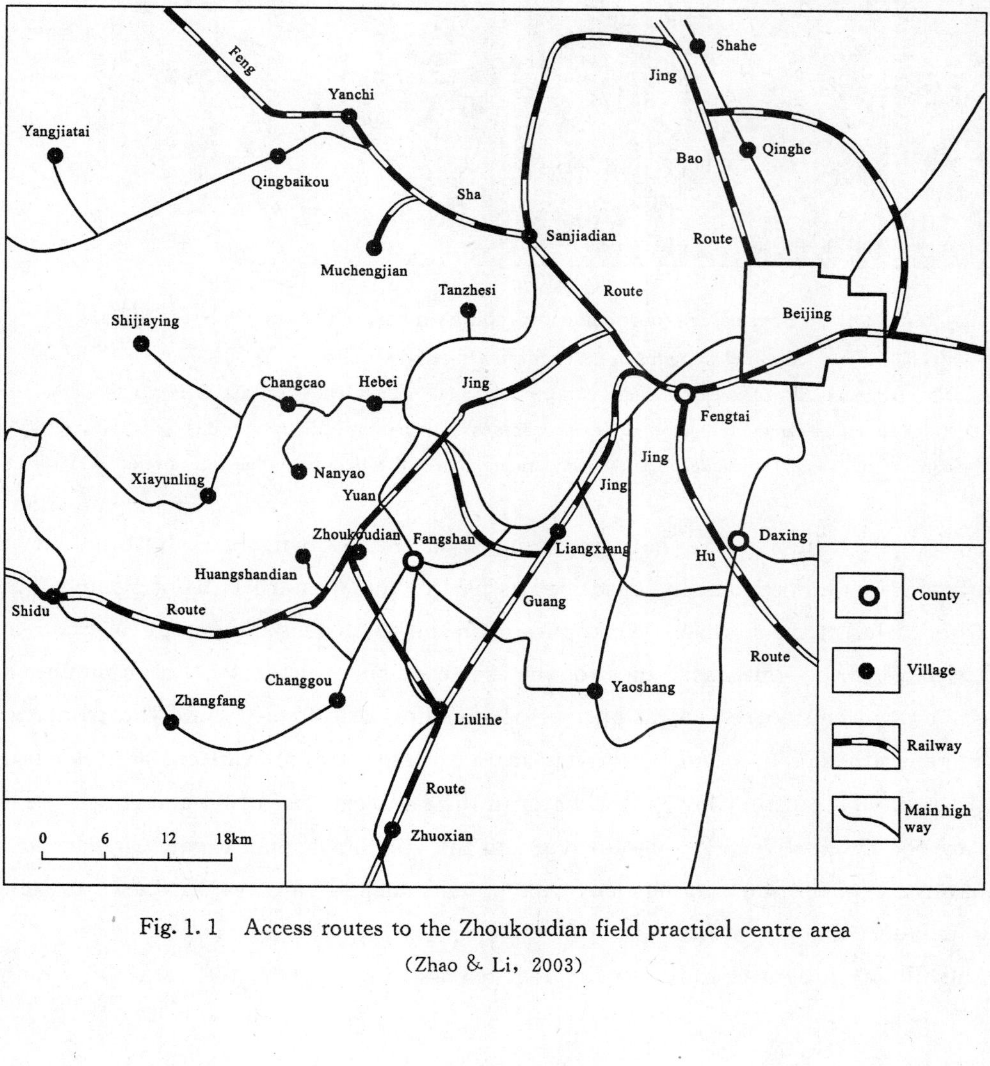

Fig. 1. 1 Access routes to the Zhoukoudian field practical centre area

(Zhao & Li, 2003)

The field basic practical teaching area and sites for independent geological practice are mostly near Zhoukoudian, west of Fangshan and east of Huangshandian and Gushankou. A few regional geological excursion routes extend north to Mentougou, west to Shidu and elsewhere (Fig. 1. 2).

Fig. 1. 2　Physical contour map of the southern part of Xishan (Western Hills), Beijing showing field excursion numbers (Zhao & Li 2003)

A. Middle-sized mountain region (>1000m); B. Low mountain region (1000～500m); C. Foothills (500～100m); D. Front-mountain plain (<100m); E. Teaching routes and numbers (except that ㉔ is for social geography excursion route near Hancunhe, the rest numbers are in accord with text; Other legend refer to Fig. 1. 1)

This district lies in the northern ranges of the Taihangshan abutting the Huabei Plain. The mountains can also be described as part of the Western Hills of Beijing. The relief rises from plains in the southeast to mountains in the northwest and except for plain and hills in a few parts of the southeast, most of the area consists of moderately high mountains. The highest point in the north central part of Shangsiling is 1307m, while the front-mountain plain is generally at 50～100m. The rivers in the district are intermittent and usually dry or with little water, but they have more water in the rainy season in July and August. The main rivers are the Dashi River, Zhoukou River and the Huangshandian River. A reservoir located at Niukouyu between the Taipingshan, Xiangyuanshan and Fangshanxi is used to collect and purify industrial waste water.

The climate is continental with frequent changes in temperature over a wide range. The rainy season is mainly in July to August and average annual rainfall is about 650 ~ 700mm. Winter is cold and the area is covered by thick snow from November to February next year.

Zhoukoudian and its district have significant earth resource extraction industries. The Yanshan Petrochemical Corporation is founded on the Fangshan Compound Intrusion which has supported a large petrochemical industry since the 1970s. There are also coal mines including the large Changgouyu colliery and numerous small coal mines scattered between the Taipingshan and Shengpingshan. In addition the area produces cement, lime, marble, granite and fire clay. Some of these resources are famous; e. g. Fangshan marble is used in the Forbidden City in Beijing (Fig. 1. 3) .

Fig. 1. 3 Carved blocks of Fangshan marble, Forbidden City, Beijing, July 2007

The major agricultural products of Zhoukoudian are wheat and corn. The mountain areas produce abundant fresh and dried fruits and nuts, such as persimmons, apples and walnuts.

The area also has abundant high quality tourism resources. Longgushan is the world famous cradle of *Peking Man*, *Homo erectus pekinensis*. Yunju Temple, Doushuai Temple, Yunshui Cave, Shihua Cave, Shidu are good places to visit and explore for high quality natural and human landscapes.

With advances in research, geological teaching and study tours have multiplied in recent years as more and more excellent geological remains come to light. 10 multi-function geological excursion routes have been developed, combining research, education, science and tourism.

Chapter 2 Teaching Procedure and Practical Aims and Objectives

Topic 1 Teaching procedure

There are five stages in the teaching progress: ① preparative stage: practical mobilization when coming to the station, introduction to the geology of Zhoukoudian, preliminary reading arrangements and requirements for field work, health and safety issues, geological conservation issues; ② excursion route teaching stage: teachers demonstrate and students record important geological features along selected excursion routes; ③ practical stage: students make their own observations without teachers' direct supervision; ④ practical report writing stage: students summarise their observations and conclusions in independent maps and reports; ⑤ classic geological remains and small special research stage: discussion between teachers and students of classic geological sites and relics and related project studies by students. Aspects of social geography investigation and social educational activities may be introduced at any stage in the teaching process.

Assessment of course results: the final result of the course will be given on the same 100% marking scale used in internal exams at CUG. Part of the assessment will be based on a mark for the completed field project, part will be based on teachers' assessment of students' field geological skills. Teachers therefore need to keep a list recording students' average results including terms such as field behaviour, recording ability, sketching, route description, post-field study of materials and records, figure presentation, written record quality, etc. The teachers' records will be summed up as five average results for field work, field notes, sample and outcrop examination, figure drawing and report and the final result will be a weighted average of these five.

After the end of the practice, we will identify 5 or 6 excellent students in each class, an award merit certificates to them.

Topic 2 Practical aims and objectives

1. Preparative stage

1) Purpose

Practical application of results of geological courses that students have already completed, consolidating and deepening basic geological knowledge and elementary theory that we have learned. Studying and training field geology especially basic methods and processes of geological measurement (mapping), learning how to make basic geological maps grasp geological survey report, we aim to foster a hard working style of geological investigation that will lay a good foundation for subsequent courses and future geological research.

2) Explanation of course objectives

By the end of this course you should be able to use the abundant geological resources of the field teaching practical base at Zhoukoudian for comprehensive practice of the geological knowledge we have learned. To be competent in field geology, especially in basic skills and the main methods of geological mapping. To survey a 1.2km^2 area geologically on a scale of 1 : 10 000. To learn how to prepare basic geological maps. To measure out a geological profile through the Upper Paleozoic Erathem and compile a geological column of the Zhoukoudian area. To prepare a map summarising practical materials for geo logy, and a schematic map of the geologic structure. To arrive at an initial overall understanding of Zhoukoudian geology. To compile the detailed content of a future geological practical report and learn the major contents of this in outline. To be fully aware of health, safety and geological hazards at Zhoukoudian and be able to respond in the event of an emergency. To understand issues of geological conservation, and respond appropriately to threats to the environment.

2. Excursion route teaching stage

1) Purpose

Training in the basic working methods of field geology, developing an initial understanding of the geology of the Zhoukoudian area and fostering a robust and rigorous working style.

2) Content

Initial reconnaissance, a visit to the exhibition room, excursion to Bajiaozhai, Huang yuan, the south slope of Taipingshan, measured section, intrusion, excursion to Yangshigou, Fangshanxi fracture, reconnaissance to the eastern area, Gushankou, investigation, Shidu, and other excursion routes; indoor teaching, drawing a measured section. It can be divided into three stages, strata, lithology and structure.

3) Teaching method

Teachers will usually begin by giving explanations and then direct students' observations. As the course progresses, teachers' explanations and students' observations will be increasingly interactive and then most of the time will be occupied by students' observations with occasional hints from the teacher. The teacher will sum up at the end, encouraging students to contribute conclusions that they have reached by themselves.

3. Practical stage

1) Half-independent practice

Half-independent practice is in the third stratigraphic excursion, wich is divided into two days. On the first day, students need to work independently; on the second day, students will report their results to the teacher and the last is for class discussion and correction. The class should work collectively to prepare an agreed set of conclusions.

The indoor work should be required from the following aspects: each day's field work results need to be sorted out on that day; e. g. checking and marking geological localities on maps and in notebooks; indicating key occurrences of minerals, rocks and fossils; labelling specimens in ink; and inking in sketches after checking. Summarize strata, intrusion and structure stage by stage (divided by class); draw measured stratigraphic sections, and stratigraphic column in advance. Students in the Geological Base Classes (Base Classes for short) should input their information into a micro-computer, to save time later when writing reports.

2) Independent practice stage

(1) Purpose

To practise field geology, especially working methods of geological measurements; to foster independent field work ability, and continue to foster a hard-working geological style.

(2) Content

To make an independent geological map of two small areas. The Niukouyu area of 0.4km^2 dominated by fracture (three days); and the south slope of Taipingshan area of 0.8km^2 dominated by folding (five days).

At this stage, every student must draw actual materials maps in ink, in land map.

4. Practical report writing stage

1) Purpose

To learn to draw the basic maps; to grasp the format and norm of compiling geological reports or scientific papers.

2) Content

(1) To learn to make an actual materals map, geologic map, structure on the map in the Zhoukoudian area.

(2) To compile practical report (the same as geological mapping report), the students in Base Class also need to write an electric report.

5. Classic geological remains and small special research stage

This work is undertaken by the Base Classes to complete and summarise the teaching stage, semi-independent practical stage (excursion study), independent practical (mapping) stage and other teaching assignments. It also reinforces four basic principles: the basic teaching order, basic teaching content, basic teaching criteria and basic assessment standards.

To carry out this teaching activity, students should first select a subject, then look into or consult information on current research and previous research about the special topic. Students should prepare a research plan and procedure under their teachers' guidance. Students should collaborate in groups of three to undertake this work, avoiding selecting topics that are too big or too deep. Special field research and collection of materials will usually be arranged during the middle and later periods of field work, preferably combined with the 2～3 days independent mapping.

Chapter 3 Geological Excursions and Teaching Requirements

Topic 1 Preamble

Students' study of geology along each route is carried on under teachers' leadership and instruction. Students should learn to carry out different types of geological observation and recording along each route in detail and should systematically master conventional basic working approaches to geological investigation. They should become proficient in the use of GPS equipment, digital cameras and portable computers, operating the latter quickly and accurately using computer aided mapping software to collect, store and process field geological information. They should also thoroughly understand the physical geography and geology of the training area after they have taken several excursions. Excursion geological teaching begins with single strata and structure teaching routes. The key point is to foster students' ability to identify and analyze phenomena. They should receive basic training in field working methods, including new technology and new methods. They must learn and become thoroughly familiar with basic approaches to field work and above all health and safety operational regulations, while learning answers to the basic question, "What is it?" if students make good progress in mastering basic skills, we may resort to illuminative teaching and interactive teaching.

The main content of the geological excursions includes reconnaissance of the practical area, stratal observation, compilation of measured profiles and figures, compilation of synthetic stratum histograms, observation and description of rock types, representative structural observations and rock-type descriptions. The teaching process should proceed using the excursion route descriptions as a basis for practical observation, following a cognitive training method that is gradual and progressive, easy at the beginning and harder later. At teachers' discretion, route content may be combined and modified considering the overall field work plan and changes in conditions, i. e. methods, ways and means of route teaching should be flexible.

To ensure teaching quality and orderly practical working, the concept of strict intensive training towards well defined targets should be followed throughout the entire field work process. Route teaching is the main critical teaching method for the entire field-work period. Before setting out on each day's excursion, class teachers must inform students of their learning tasks, route, purpose, requirements and related matters. Students must prepare their equipment and material. Before setting out on the day, students should stand in line to be counted and teachers should check that they are properly prepared for field work. When the excursion is finished teachers should conduct a thorough final check while still out in the field. They should count the students, confirming the number to make sure that no one is left behind. They should check drawings, maps, field notes, specimens, samples and all kinds of instruments, person by person, group by group, one by one. They should inform the indoor tasks including contents and requirement on the day. They should ask some questions arising from the route content to be discussed and considered for students.

After returning to base, teachers should give instructions, check and summarize the field work, and require students to prepare conventional geological records and/or computer software system records to immediately process and store their geological information, figures, measurements and other related information. Students who fail to do this or do it wrong may be required to do it again or be given alternative remedial work. When this task is complete, teaching should move on to step-by-step summaries according to the sequence of strata, rocks, intrusive bodies, structures etc. Teachers should encourage active participation by students in discussions, presentations of informal written accounts of their work, mini-lectures and tutorials, so that students gradually understand and master all the practical content.

Topic 2 Preparations before departure

As this is the first excursion of the whole field work course, teachers should thoroughly prepare each class of students as follows:

(1) Five minutes before setting out, every member of each class should stand in line group by group; the group leader should count the number; each class monitor should give an attendance report, e. g. telling the group leader if any student is absent through illness and so on.

(2) Teachers should inspect students' field equipment, the instruments provided to each group, and other field necessities.

(3) Teachers should carefully inspect students' clothing and footware, carry bags or rucksacks, ordinary and emergency medical supplies, and ensure that they have enough fluid in a suitable container to drink.

(4) Teachers should briefly introduce the excursion content, teaching purpose and requirements, and emphasize teaching discipline, security discipline, group discipline, confidentiality and other related matters.

Preparations before departure and queue inspection must be a teaching procedure to be followed throughout the whole field work process.

Excursion 1 Reconnaissance of the Field Practical Area

1. Teaching route

Meitangou→Luobuding→Ermugang

2. Teaching content and requirements

(1) To become familiar with the terrain and understand the economic geology of the field practical area.

(2) To introduce the basic geology, environmental geology, geotourism facilities, Quaternary geology, agricultural geology, and mineral resources.

(3) To learn to use a geological compass.

(4) To learn to use and look after a geological map.

(5) To prepare and initialise GPS, digital camera, portable computer and other instruments to find and/or record locations on the digital terrain map.

3. Route, locations and field practice basic skills

1) *Natural bedrock outcrop on east wall of Meitangoukou*

(1) Teachers should ascertain students' previous knowledge the use of a magnetic compass for geological field practice and check declination settings. The magnetic declination of the field practical area is 5°06′ to the west based on military data in the digital terrain map in 1980. To convert the compass reading to a true geographical bearing, it is accurate enough to turn the compass dial until the fiducial line is aligned to 355°.

(2) Teachers should review and remind students of the concept of the three elements of attitude of strata: strike, dip direction and dip angle. They should guide students to distinguish bedding and structural foliation exactly, search for the most even bedding surface, and independently measure the elements of attitude several times so that teachers can inspect and correct them (Fig. 3. 1) . In the drawing the line of strike is horizontal and runs from direction (or azimuth) 48° to 228°, and the dip angle is 52°. The downward direction of the line of greatest slope is 138°. This is the dip direction. Record the dip direction and dip angle of this bed as 138°∠52°.

(3) Teachers should demonstrate the two elements of lineation on a stratum surface, schistosity surface, fault plane or joint: trend and plunge (Fig. 3. 2) . Lineations are lines, for example slickensides are lines scratched on fault planes by fault movement.

2) *Luobuding, Ermugang and neighborhood*

(1) Teachers should explain how to fold a paper topographic map and record location points. They should demonstrate how to orient the map, i. e. place the long side of the compass parallel to the NS edge of the map, then rotate them together until the compass needle

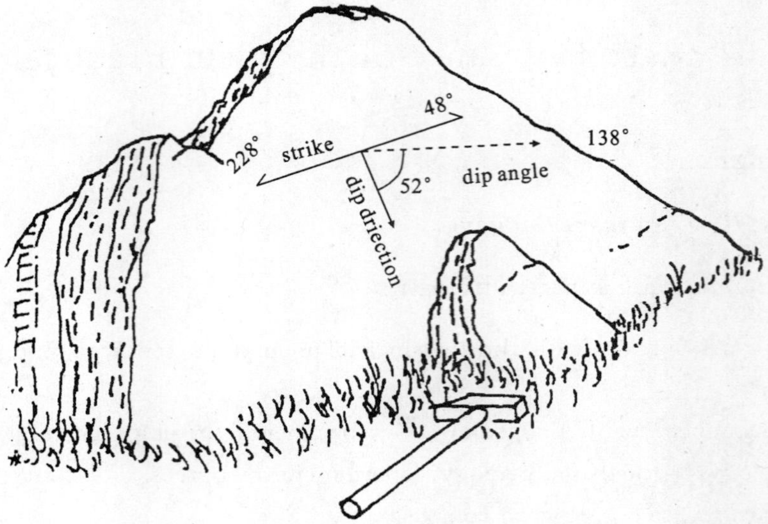

Fig. 3. 1　Strike, dip direction and dip angle of inclined strata

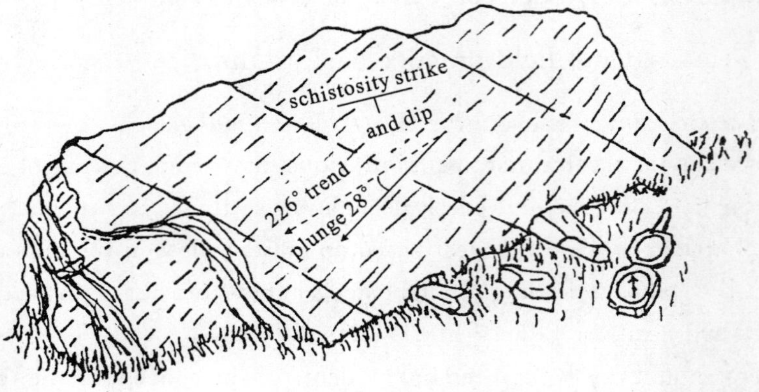

Fig. 3. 2　Attitude of lineation (e. g. slickensides)

points to 0°. When the map is orientated, the orientation of topographical features is the same as their actual bearings. This provides a suitable opportunity to identify landforms and human cultural objects such as houses and factory chimneys, and explain their use as landmarks, i. e. small landforms and human cultural features that seen from a wide area. Teachers should also demonstrate how to locate an unknown position on the map by taking compass bearings (back bearings) to three landmarks that are marked on the map. Training students to master the use of a GPS receiver, digital camera and digital topographical map and make use of a portable or palm-size computer to store collected geological information or measurements.

(2) Teachers should review the landscape of the region as far as the eye can see, from distant to near (or the reverse), introducing the physical geography and types of landforms

in the field work district and neighborhood including Shangsiling (altitude: 1370m) and Liansanding (altitude: 1170m). The average height of the mountain ridge is about 1000m while the foot of the SE slope is at an altitude of about 200m or so. The comparative height difference of more than 500m identifies the ridge as a middle-sized mountain region. Fenghuangshan is to the E of Liansanding (altitude: 736m) and NW and N of Shangsiling which both rise to more than 500m. The relief of these peaks is a little more than 200m, so they belong to the low mountain region. Other high points include Nandazhai, Chechang-Changgouyu, Shengpingshan, and Taipingshan that form an arcuate zone convez to the NW. With a relief of 100～500m, these represent hilly countryside. The plain region in the SE of the Fangshan and Zhoukoudian area are below 80m in height, and are called the front-mountain plain region.

The Zhoukou River flows between Shengpingshan and Taipingshan with its source on the S slope of Shangsiling. It flows south-eastwards through Zhoukoudian and out onto the Huabei Plain. The headwaters of the Zhoukou River form two tributaries at the W of Shankou Village. The one is the Changgouyu River, the other is the Xizhuang River. Niukouyu Reservoir, used for treating industrial waste, is surrounded by Luanshilong→Zhoujiapo→Shandingmiao→Xiangyuanshan→Mogushan→Fangshanxi→Mopanshan and Bojizhang.

3) If conditions are suitable to see Taipingshan, Guandi, Shandingmiao, Fangshanxi, Mopanshan (Figs. 3. 3, Fig. 3. 4) and their neighborhood, teachers should introduce the basic geology (Fig. 3. 5), environmental geology, geotourism, Quaternary geology, agricultural geology and earth resources of these areas, emphasizing the strata, structure, intrusive rocks, geological materials etc. as follows:

Strata (Table. 3. 1). The Archean Eothem Guandi Complex outcrops from Guandi to Shandingmiao. Its principal lithologies are gneiss, leptite, leptynite and amphibolite.

The Mesoproterozoic Erathem Tieling Formation extends from Yitiaolong to Zhoujiapo. Sporadic outcrops can be seen near Fangshanxi, its main lithology is tremolite wollastonite marble with local interlayer of phyllite and slate.

The Neoproterozoic Erathem Xiamaling Formation composed of slate and schist extends from Yitiaolong to Shandingmiao and Fangshanxi. The Longshan Formation of meta-quartzite sandstone outcrops discontinuously in the same area as the above. It is hard and resistant to erosion, and so forms the ridge that runs from Xiangyuanshan, through Mogushan to Fangshanxi. The Jingeryu Formation of thin-bedded marble can be only seen on the S slope of Yitiaolong.

The Lower Paleozoic, Lower Cambrian Fujunshan Formation is composed of 'leopard-skin' limestone and limestone with pelitic interlayers. It outcrops in Yitiaolong, Yangshigou and between Xiangyuanshan and Shandingmiao. The Mantou Formation and overlying Maozhuang Formation are slate that encloses limestone lenses and outcrops in the same area. The Middle and Upper Cambrian series is not subdivided and consists of oolitic limestone,

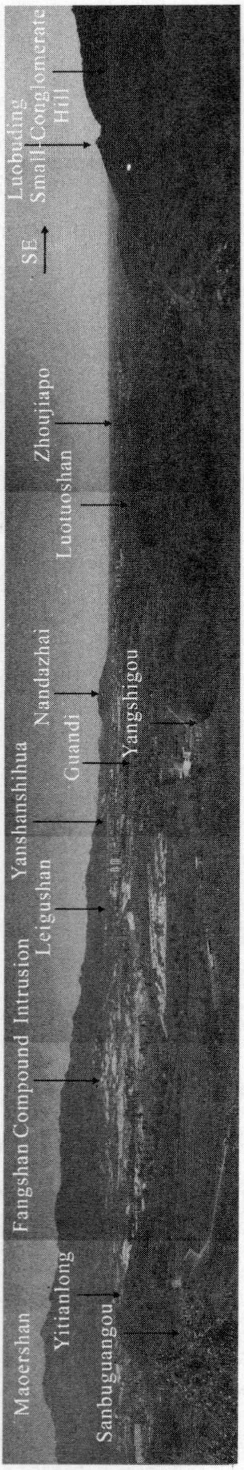

Fig.3.3　One full view of teaching area (shot by Liu Qiang in 2005)

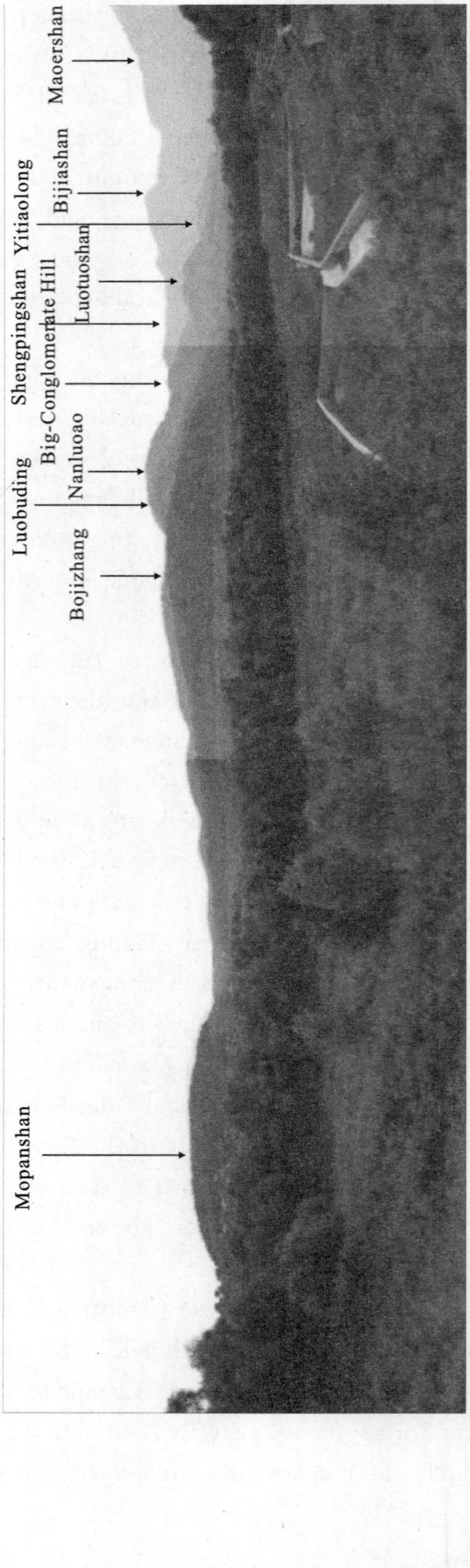

Fig.3.4　Another full view of teaching area (shot by Liu Qiang in 2005)

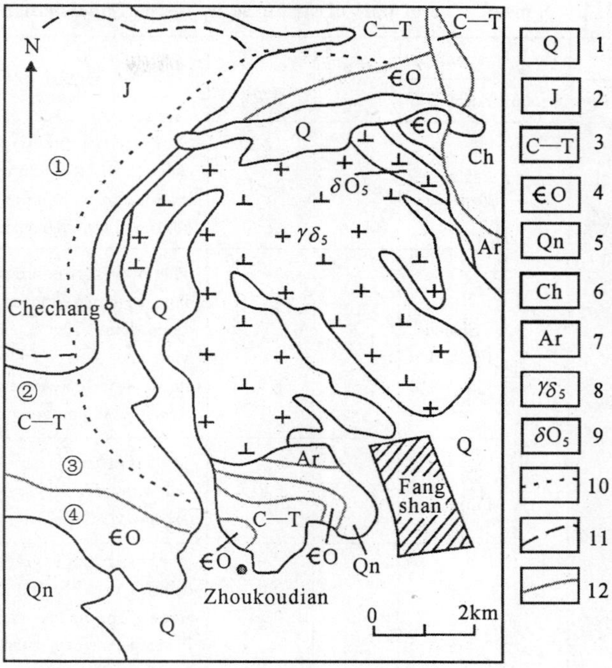

Fig. 3. 5 Summary metamorphic map in Fangshan, Beijing

1. Quaternary; 2. Jurassic; 3. Cretaceous-Tertiary. ; 4. Cambrian and Ordovician; 5. Late Proterozoic; 6. Middle Proterozoic; 7. Archaean; 8. Late Yanshanian Granodiorite; 9. Late Yanshanian quartz-diorite; 10. Contact aureole boundary; 11. Regional metamorphic boundary during Yanshan; 12. Fault

①very low-grade metamorphic zone; ②Cld zone; ③St zone; ④And zone;

limestone with pelitic layers and slate. It outcrops in Sanbuguangou, Shandingmiao and Fang shanxi. The main lithology of the overlying Majiagou Formation (O_1m) is limestone with slate interbedded with dolomitic limestone. It extends from the N and S slopes of Taipingshan to Fangshanxi.

The overlying Upper Paleozoic series consists of the Taiyuan Formation, Shanxi Formation and Yangjiatun Formation and composed of clastic rocks, except for the Benxi Formation which contains a layer of bioclastic limestone.

Geological structure. The fold structure is an anticline-syncline fold-pair: the 164 Anticline and the Taipingshan Syncline whose axial traces trend approximately EW. There are superimposed folds with a NE trend fold in Luobuding, Ermugang and Meikuanggou.

The main fracture system is developed in an arcuate pattern from Yitiaolong through Yangshigou and Shandingmiao to Fangshanxi. There are two faults between Big-Conglomerate Hill and Small-Conglomerate Hill. One is a transverse fault with a SN trend; the other is an oblique-slip fault with a NE—SW trend. The two form a wedge shaped area at outcrop. Although the scale is not large, the stratigraphical effects are clear and very suitable for observation, so the pattern should be introduced in different types of strata.

Table 3.1　A brief table of part of stratigraphy in the Zhoukoudian area

Age Stratigraphy			Rock Stratigraphy		Symbol	Thickness (m)	A summary of lithology and fossil
Erathem	System	Series	Group	Formation			
Upper Mesozoic	Permian (P)	Middle (P_2)		Yangjiatun Formation	P_2y	70～120	Grey metamorphosed medium to coarse-grained clastic sandstone、gravel-bearing clastic sandstone, interbedded with dark grey carbonaceous slate, the bottom is grey metamorphosed fine-grained breccia
		Lower (P_1)		Shanxi Formation	$P_{1-2}s$	90	The lower part is brown grey metamorphosed medium to coarse-grained sandstone, dark carbonaceous slate; The upper part is dark carbonaceous slate and dark grey metamorphosed fine-grained clastic sandstone. Contain *Lobatannularia sinensis*, *Sphenophyllum thonii*
	Carboniferous (C)			Taiyuan Formation	$C_2—P_1t$	64	The upper part is dark carbonaceous slate interbedded with grey-yellow silty slate. Develop *Neuropteris ovata*, N. *plicata*
		Upper (C_2)		Benxi Formation	C_2b	54	The upper part is grey pressure shadow slate, andalusite hornfels and lens-shaped bioclastic limestone; The middle part is varied silty slate; the lower part is grey andalusite hornfels and chloritoid hornfels. The bottom is weathering crust with limonite and bauxite, the local is conglomerate in the bottom. Develop *Fusulina* sp., *Dictyoclostus* sp.
Lower Mesozoic	Ordovician (O)	Lower (O_1)		Majiagou Formation	O_1m	200～300	Green-grey thick-bedded crystalline limestone, laminated limestone accompanying by dolomitic limestone. Develop *Armenoceras* sp.
				Liangjiashan Formation	O_1l	70	light-grey medium to thick-bedded crystalline dolostone, dolomitic limestone, containing 2～3 layers of collapse breccia formed by solution of gypsum
				Yeli Formation	O_1y	67	Green-grey laminated crystalline limestone, leopard-skin dolomitic limestone, accompanying by yellow-green slate. One bed of grey calc-phyllite is widely existed in the bottom
	Cambrain (∈)	Upper (∈$_3$)		Huangyuan Formation	$\in_3h$	123	Grey-yellow, yellow-green thin-bedded argillaceous zebra limestone, accompanying by a little oolitic limestone and edgewise limestone. Develop *Ptychaspis* sp, *Blackwelderia* sp.
		Middle (∈$_2$)		Zhangxia Formation	$\in_2zh$	36	Green-grey medium to thick-bedded oolitic limestone, accompanying by green-grey phyllite or interbedded with both. Develop *Damesella* sp.
				Xuzhuang Formation	$\in_2x$	41	Grey-green shale accompanying by thin to medium-bedded limestone
				Manmao Formation	$\in_{1+2}m$	46	Grey and grey-yellow shale accompanying by dolomitic limestone lenses
		Lower (∈$_1$)		Fujunshan Formation	$\in_1f$	25～45	The upper part is grey medium to thick-bedded laminated limestone accompanying by leopard-skin limestone; the lower part is dark grey leopard-skin limestone accompanying by dolomitic limestone

Table 3.1 A brief table of part of stratigraphy in the Zhoukoudian area (continue)

Age Stratigraphy			Rock Stratigraphy		Symbol	Thickness (m)	A summary of lithology and fossil
Erathem	System	Series	Group	Formation			
Neoproterozoic	Qingbaikou System (Pt)	Upper (Pt_3)	Qingbaikou Group	Jingeryu Formation	Pt_3j	36~55	The upper part is green-grey calc-phyllite and calc-slate; the lower part is grey medium to thick-bedded marble accompanying by dark marble
				Longshan Formation	Pt_3l	>20	The upper part is light-grey phyllitic slate or spotted slate, the lower part is grey medium to thick-bedded metamorphosed medium to coarse-grained quartzose sandstone
				Xiamaling Formation	Pt_3x	120~170	The upper part is grey silty phyllitic slate, grey dark carbonaceous phyllitic slate; the middle part is brown- grey silty slate accompanying by thin-bedded metamorphic fine-grained sandstone, developing small-scale cross-bedding; the lower part is brown-green phyllitic slate, magnetite-bearing silty slate. The bottom is weathering crust
Mesoproterozoic	Jixian System (Pt)	Middle (Pt_2)	Jixian Group	Tieling Formation	Pt_2t	186	The upper part is grey medium to thick-bedded crystalline dolostone, stromatolitic crystalline dolostone; the middle part is dark grey thin-bedded striped chert (or clot) -bearing crystalline dolostone; the lower part is grey-white thick-bedded crystalline dolostone. Develop cross-bedding
				Hongshuizhuang Formation	Pt_2h	38	Grey-brown manganiferous slate, the top and the bottom include manganiferous dolostone and dolostone lenses
				Wumishan Formation	Pt_2w	>500	Gery, light grey medium to thin-bedded crystalline dolostone, lime-dolostone, accompanying by quite more striped chert or clot
Archean				Guandi Complex	Arg	>200	Striped migmatite, biotite-plagioclase gneiss, plagioclase amphibolite, amphibolite

Intrusive rocks. Most intrusive activity in the field practical area involves intermediate and acid magma. The Fangshan Compound Intrusion covers the greatest area NW of Fang shan, outcropping at Dongshankou, Guandi, Leigushan as far as eye can see. Its main body is formed of granodiorite with subordinate areas of quartz diorite, diorite etc. All were products of the Late Yanshan Movement. The compound intrusion is located. It is nearly circular in plan, with a diameter of 7.5 to 9km, covering about 60km^2. It thus constitutes a medium sized batholith or perhaps a medium sized stock.

There are also small intrusions, for example a granite stock on the north side of the Niukouyu Reservoir and granophyres at the west end of Yitiaolong.

Earth resources. The field practical area mainly produces non-metallic mineral resources. Important resources include:

Coal. Two series of coal measures yield anthracite; one Permian and one Jurassic series. The former coalfield is located near Zhoukoudian. Coal measures of the Shanxi Formation has seven coal seams, with a total thickness of 9.89m, with the total thickness of the four exploited seams coming to 8.74m. Numerous small-scale coal mines can be seen on the N and S slopes of Taipingshan. Mines at Changgouyu contain 13 coal seams and the total thickness of the eight exploited seams is 12.56m, constituting a medium sized coalfield.

Limestone. Limestone for cement is mostly found in the Lower Ordovician series but some in the Lower Cambrian. The Fujunshan Formation contains sufficient resources for the foreseeable future. Limestone for lime is produced from several horizons of the Majiagou Formation, Fujunshan Formation and Zhangxia Formation. Therefore we can see limestone quarries and limekilns all over the district. Quarries that are larger than average occur around Taipingshan in the south limb of the 164 Anticline.

Granite. The most uniform part of the Fangshan Compound Intrusion is a well-known source of building materials from quarries at Dongshankou, Qiangganshi and Leigushan.

Marble. The Jingeryu Formation is the main source of marble, with a second source in the Tieling Formation. The purest marble is described commercially as "white marble". Marble quarries in the Tieling Formation marble occur around Zhoujiapo.

Andalusite. The Xiamaling Formation, Taiyuan Formation, Shanxi Formation and Benxi Formation all contain horizons of meta-pelite rich in andalusite, but the best quality andalusite is contained in the andalusite schist of the Xiamaling Formation, and conforms to national standards for superior fire-resistant material. An exploratory trench for this kind of mineral deposit can be seen on the N slope of Taipingshan between Yitiaolong and Luotuoshan. The content of crystalline andalusite in this andalusite schist is 5%～10%, conforming to industrial requirements.

At this point, teachers should draw students' attention to the occurrence of world-class fossil remains of *Homo erectus pekinensis*, and the exploitation, and utilization and protection of the above-mentioned middle sized and small scale mineral resources. They should emphasize the importance of mutual and harmonious relationships for sustainable development, and briefly introduce environmental geology, geohazards, engineering geology and agricultural geology.

4) Surveying and mapping. Students should prepare a free hand-drawn profile from Ermugang to Luobuding at a scale of 1 : 2 000 using a compass to measure orientation and angle of slope. This should provide training in estimating distance by eye and measuring by pacing steps; using electronic apparatus and digital technology to collect related information and data, and later making a comparable profile using the computer software system back at base.

4. Topics for thought and discussion

(1) How does field teaching compare with classroom teaching?

(2) How do the teaching content, mode, and method of delivery at Zhoukoudian compare with last year's field teaching at Beidaihe?

(3) What personal preparation must teachers do for field teaching?

(4) What professional standards should teachers aim for?

Teachers should complete the excursion by discussing aspects of these questions with students briefly while still in the field, and at more length back at base.

Excursion 2 Bajiaozhai Stratigraphic Section

1. Teaching route

Bajiaozhai Watershed → Bajiaozhai SE slope → Shuanmazhuang Bridge

2. Teaching content and requirements

(1) Observing and describing lithology and its structural features, primary sedimentary structures, changing fossil contents from the Mesoproterozoic Wumishan Formation to the Neoproterozoic Longshan Formation. Observing and recording the stratum thickness of each formation.

(2) Observing the contact relationships between strata.

(3) Drawing a free hand stratum profile on a scale of 1 : 5 000 and sketching typical geological phenomena.

(4) Systematically collecting representative rock specimens of strata.

(5) Observing different types of lineation, analyzing their structural significance, mastering measuring methods and collecting related data.

3. Introduction to the stratum profile (geological column)

This is a section through Meso-to Neo-proterozoic strata in part of the field area where there is superlative continuous exposure (Table. 3. 2) . China University of Geosciences (Wuhan) selected it as a major excursion route for observational teaching in the early days when the Zhoukoudian field practical base was established. A monument records a protection agreement established with the local government when the field station was founded.

Profile from bottom to top:

Wumishan Formation (Pt_2w): it outcrops around Gushankou to Bajiaozhai. The main lithologies are grey, medium-thin bedded crystalline dolostone, lime-dolostone, and chert zebra dolomite, thickness is more than 500m. This excursion route only observe the fourth of this formation.

Hongshuizhuang Formation (Pt_2h): the main lithology is gray-black, manganiferous slate. The top and bottom include manganiferous crystalline dolostone and dolostone lenses. Its maximum thickness is 38m.

Tieling Formation (Pt_2t): it can be approximately divided into 3 sections. The lower part is grey - white thick - bedded sand dolostone containing mega cross - bedding and feather

Table. 3. 2 Meso- to Neo-proterozoic strata, main lithologies and thickness

Formation name & symbol	Main lithologies	Thickness
Longshan Formation (Pt_3l)	2. light grey slate	>2m
	1. quartzose sandstone	6m
Xiamaling Formation (Pt_3x)	3. slate + sandstone	60m
	2. carbonaceous slate	90m
	1. magnetitic silty phyllite	17m
Tieling Formation (Pt_2t)	3. stromatolite dolostone	48m
	2. pelite + dolostone	62m
	1. sand dolostone	76m
Hongshuizhuang Formation (Pt_2h)	manganiferous slate	38m
Wumishan Formation (Pt_2w)	crystalline dolostone, chert	>500m

bedding. The middle part is deep-gray thin-bedded with chert zebra or nodular crystalline dolostone and pelitic dolostone. The upper part is grey thick-bedded stromatolite dolostone (Fig. 3. 6) . The total thickness of the Tieling Formation is 186m, lower part 76m, middle part 62m and upper part 48m.

Fig. 3. 6 Stromatolitic structure (Shot by Zhao Junming in 2008)

Xiamaling Formation (Pt_3x): it can be approximately divided into 3 sections. The lower part is brown-green magnetite-bearing silty phyllitic slate and slate, thickness 17m. The middle part is dull-green slate accompanying black, grey-black carbonaceous slate, locally interbedded, thickness 90m. The upper part is brown-grey silty slate accompanying thin-bedded metamorphic microsandstone, thickness 60m. The relationship between upper Xiamaling Formation and lower Tieling Formation is a parallel unconformity contact and the contact plane is uneven. A limonite-type palaeo-weathered soil bed with a thickness of 30～50cm can be seen marking a paleoweathering crust.

Longshan Formation (Pt_3l): it can be approximately divided into 2 sections. The lower part is grey to brown-grey, thick to medium-bedded metamorphic medium to coarse grained quartzose sandstone, thickness 6m. The upper part is light-grey slate, more than 2m.

4. Teaching process and requirements

(1) This is the first systematic observational excursion. Thus, above all, teachers must give regulations and instructions about conventional field note format and content, as well as the use of field notebook.

(2) After teachers have introduced the total stratigraphical features of each formation, students should systematically observe and compare the lithological assemblage features step by step, describing and recording rock compositions and structures using the correct names.

(3) Stratigraphic teaching is the main content of this excursion, so teachers should not emphasize features such as the relationship between bedding and cleavage, intraformational folds and other structures. But if time permits they should observe, identify, describe, and measure structural features such as glide lineation and cross-side lineation developed around Bajiaozhai, mineral growth lineation at the bottom of the Xiamaling Formation and pod-like folds around Shuanmazhuang Bridge and analyze their causes of formation and structural significance.

Excursion 3 Huangyuan-dongshanliang Stratigraphic Section and Surveying and Mapping a Stratigraphic Profile

1. Teaching route

Huangyuan-dongshanliang 239 *Highland* → 285 *Highland* → *north end of exploratory trench*

2. Teaching Content and requirements

(1) To observe and describe lithologies, their assemblages and fossil preservation, and contact relationships of strata up a section from the Neoproterozoic Longshan Formation to Early-Paleozoic Majiagou Formation.

(2) To divide the stratigraphic units in detail, distinguishing them precisely along a surveyed profile.

(3) To systematically collect representative specimens of strata.

(4) To survey and map a sketch profile at 1 : 5 000 scale in a conventional way.

(5) To use GPS, portable computer and related software system to measure and draw the surveyed geological profile at 1 : 2 000 scale.

3. Introduction to the stratigraphic section

This section displays a completely-developed stratigraphic profile through the Neoproterozoic and Early-Paleozoic sequence in the practice area (Table 3. 3) . The majority of the section outcrops in the eastern part of the Zhoukoudian—Fangshan area, but many changes in its lithology, lithologic assemblages, stratigraphic thicknesses and area variation (including changes of lithofacies) are influenced by the structure and metamorphism. We therefore have to observe the section in detail and in order to really understand it.

Table 3. 3 Neoproterozoic to lower Mesozoic strata, main lithologies and thickness

Formation name & symbol	Main lithologies	Thickness
Majiagou Formation (O_1m)	Crystalline limestone, laminated limestone	200～300m
Liangjiashan Formation (O_1l)	crystalline dolomitic limestone	70m
Yeli Formation (O_1y)	laminated crystalline limestone, leopard-skin dolomitic limestone	110m
Huangyuan Formation ($\in_3h$)	argillaceous zebra limestone	120m
Zhangxia Formation ($\in_2zh$)	slate are interbedded with limestone	134m
Xuzhuang Formation ($\in_2x$)	slate accompanying limestone	35m
'ManMao' Formation ($\in_{1+2}m$)	slate accompanied by marble lenses	49m
Fujunshan Formation ($\in_1f$)	2. laminated limestone	45m
	1. leopard-skin limestone	
Jingeryu Formation (Pt_3j)	2. calcareous slate	11m
	1. grey-white marble	25m
Longshan Formation (Pt_3l)	2. the spotted-slate	19m
	1. quartzose sandstone	

A bottom-to-top introduction follows:

Longshan Formation (Pt_3l): the basic feature of this formation has already been described in Excursion 2, but here are some complementary observations that should be added. First, differentiate and assess the bedding of the metamorphosed quartzose sandstone in the lower part. Second, identify the spotted-slate in the upper part. Third, compare stratigraphic thickness of the two places observed on Excursion 2 and here (The thickness of the formation in this section is 19m).

Jingeryu Formation (Pt_3j): it is divided into two parts. The lower part is composite of grey-white medium to thick-bedded marble accompanying grey-black marble, thickness 25m; the upper part is calcareous slate, thickness 11m. *Chauria* sp. is found in this formation throughout the Yanshan Area, dating it to the Late Proterozoic era.

Fujunshan Formation ($\in_1 f$): it is divided into two parts. The lower part is dark-grey medium to thick-bedded leopard-skin limestone (Fig. 3. 7) accompanying dolomitic limestone; the upper part is grey medium to thick-bedded laminated limestone accompanying leopard-skin limestone. Total thickness is about 45m. The trilobite *Bailiella* sp. is found in this formation. The upper Fujunshan Formation and lower Jingeryu Formation have a parallel unconformity contact. Although there is stratigraphic gap, the direct sign of unconformity is not good. The teachers could provide regional geological material; compare the stratigraphic lithology of these two kinds and the condition of paleobio-fossil to show the identification of unconformity.

Fig. 3. 7 Leopard-skin limestone (Shot by Zhao Junming in 2008)

Mantou Formation and Maozhuang Formation ($\in_{1+2} m$): the Maozhuang Formation is probably Middle Cambrian, but it is difficult to mark off the demarcation line between this formation and the Mantou Formation. Thus here we have merged the two and call it the 'Man-Mao Formation' for short. The lithology of principal part is grey, grey-yellow, light-grey-green phyllitic slate accompanied by grey-yellow marble lenses, thickness 49m. *Trilobite* fragments were collected in this formation at Yangshigou in the east of the field practical area.

Xuzhuang Formation ($\in_2 x$): the main lithology is grey phyllitic slate, silty slate accompanying thin-bedded limestone and argillaceous limestone. The upper slate contains malachite pellets. Thickness 35m.

Zhangxia Formation ($\in_2 zh$): grey-green phyllitic slate and silty slate are interbedded with medium to thick-bedded oolitic limestone and crystalline limestone. The relative proportions of slate and limestone are 32%～41%, thickness 134m. In the Xishan Area of Beijing, this formation contains the trilobite *Damesella* sp.. The lithology and their assemblages of this formation and the Xuzhuang Formation are transitional in the present section. Teachers could indicate to students evidence used to divide the succession of beds and determine the demarcation line, including an obvious increase in the number of layers of oolitic, the thickening of individual beds and the ooids contained becoming bigger and more obvious.

Huangyuan Formation ($\in_3 h$): the main lithology is grey-green, yellow-green, thin-bedded argillaceous zebra limestone accompanying by a little oolitic limestone and edgewise limestone along strike. Thickness about 120m.

Yeli Formation ($O_1 y$): light-grey to green-grey, medium-thick-bedded, laminated crystalline limestone, leopard-skin dolomitic limestone accompanying yellow-green slate, thickness 110m. Abundant *Cameroceras* sp., *Ophileta*, *Archaeocyathus* sp. and other fossils.

Liangjiashan Formation ($O_1 l$): the main lithology is light-grey, medium-thick-bedded, crystalline dolomitic limestone, containing 2～3 layers of collapse breccia formed by solution of gypsum, thickness 70m.

Majiagou Formation ($O_1 m$): the main lithology is green-grey thick-bedded crystalline limestone and laminated limestone accompanying dolomitic limestone, with local brown calcareous, thickness 200～300m. This formation yields the fossil *Armenoceras*.

4. Teaching process and arrangements

(1) On this excursion students receive their first instruction in constructing a freehand profile. Besides further strengthening their ability at location, observation, recording and description, students should also master the use of the compass to measure directions and gradients, estimate distance by eye and by pacing, and techniques for making a free hand profile. Teachers should demonstrate the method for making a freehand geological section for the students. Beginners tend to exaggerate topographic undulation and steepen the angle of dip of strata when they begin mapping. Teachers need to remind students of this and correct it promptly.

(2) Because Huangyuan-dongshanliang is relatively free of vegetation, has a high proportion of rock exposure and continuous succession of strata, it is one of the sections specially selected for surveying a geological profile. It is therefore best to spend two days teaching. On the first day, divide the strata in detail, make free hand profiles and choose part of

the section for more detailed study. Choose an undulating piece of land on the 239 Highland or 281—285 Highland so that students can gain experience of several working methods and skils. They can then carry out the work of stratigraphic division on the measured profile to maximum precision on the second day.

(3) This recommended programme thus has three stages: ① field surveying on the first day, gathering and storing field data (including collecting and numbering specimens and fossils), and drawing figures using a computer software system if appropriate; ② arranging the fossils, checking the original data and organizing all kinds of data in the lab; ③ completing a detailed survey of the selected part of the stratigraphic section on one's own during the second day and handing it to the teacher for verification, comment and assessment.

(4) This excursion focuses on observing strata, so a brief introduction to structural phenomenon is enough, although typical folds and replacement structures are abundant.

(5) There are many quarries in this section and the choice of observation route and measured profile should have due regard to hidden dangers and health and security issues.

Excursion 4 Taipingshan South Slope Stratigraphic Section and Mapping

1. Teaching route

162.9 *High and of south slope of Taipingshan→the south mountain ridge of Nanluoao*

2. Teaching contents and requirements

(1) To observe and describe lithologies and their assemblages, condition of fossils and stratigraphic contact relationship from the Upper Paleozoic Benxi Formation to Yangjiatun Formation, and analyze the sedimentany facies preliminarily.

(2) To divide the stratigraphic unit in detail and distinguishing beds and formations to the maximum precision of the surveyed geological profile.

(3) To gather typical rock specimens from bioclastic limestone and fossil specimens from coal seam.

(4) To draw a freehand stratigraphic profile at 1 : 2 000 scale using conventional methods.

(5) To locate the geopoint on the digital terrain map, draw geological boundaries and measured profile at 1 : 2 000 scale using the compute software system.

3. Introduction to the stratigraphic section

The Taipingshan Section and corresponding sections on Big-Conglomerate Hill and Small-Conglomerate Hill on the north slope of the Taipingshan are respectively located in the north and south limbs of the Taipingshan Syncline. All are accessible for observing and investigating the development of strata of the Late Paleozoic (Table 3. 4) . There are differences among these three because of lithofacies variations and different positions in the geological structure.

Table 3. 4　The upper Mesozoic strata, main lithologies and thickness

Formation name & symbol	Main lithologies	Thickness
Yangjiatun Formation (P_2y)	metamorphic breccia	70～120m
Shanxi Formation ($P_{1-2}s$)	2. carbonaceous slate, metamorphosed clastic sandstone	90m
	1. metamorphosed sandstone, carbonaceous slate	
Taiyuan Formation (C_2—P_1t)	2. carbonaceous slate interbedded with silty slate	64m
	1. metamorphosed sandstone interbedded with andalusite hornfels	
Benxi Formation (C_2b)	4. pressure shadow slate, andalusite hornfels and bioclastic limestone	54m
	3. varied silty slate	
	2. andalusite and chloritoid hornfels	
	1. weathering crust	

The geological succession is as follows, from bottom to top:

Benxi Formation (C_2b):

(1) Grey-green thick-bedded chloritoid hornfels, thickness 2～3m.

(2) Grey andalusite hornfels, thickness 4. 5m.

(3) Variegated grey to dark-grey, yellow to grey-yellow, brown and pink silty slates, thickness 18m.

(4) Grey bioclastic limestone containing clasts of partial or complete ‘crinoids’ and ‘chaetetes’, thickness 0. 8～1. 0m.

(5) Grey or light-grey slate containing plant fragments. Pyrite pseudomorphs have well developed pressure shadows so we call it “pressure shadow slate” (Fig. 3. 8), thickness 15m.

(6) Grey, grey-black andalusite-hornfels, with thickness 15m.

This formation and the underlying Majiagou Formation have a parallel unconformable contact relationship but its exact location is not clear. We can make additional observations at Meitangoukou.

Taiyuan Formation (C_2—P_1t):

(7) Grey, medium to thick bedded, medium to fine-grained, metamorphosed quar-

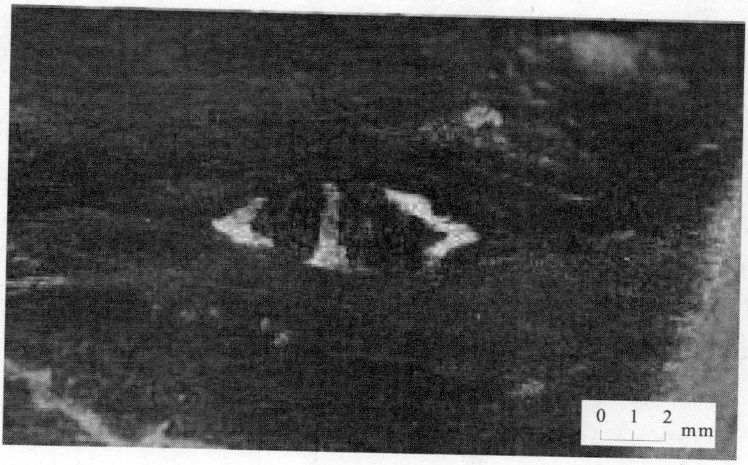

Fig. 3. 8 Pressure shadow of pyrite (Shot by Zhao Junming in 2008)

tzose sandstone. The proportion of argillaceous cement increases upwards while grain size decreases to andalusite-bearing quartzose sandstone, thickness 13m. For convenience division of sedimentary cycle, we usually call this layer as "Ⅰ sand".

(8) Grey-black slate, thickness 1m.

(9) Fine-grained quartzose sandstone with andalusite porphyroblasts, thickness 2～3m.

(10) Black slate accompanying carbonaceous slate including a coal seam, described as "coal streak". Plant fragment fossils. This layer is called the "Ⅰ slab" and "Ⅰ coal" bed, thickness 30m.

(11) Grey-yellow thin-bedded silty slate and metamorphic siltstone, thickness 12m.

Shanxi Formation ($P_{1-2}s$):

(12) Brown grey medium to thick bedded medium-coarse grained metamorphosed detrital sandstone occasionally containing rubble at the bottom, and displaying unidirectional cross-bedding. This layer is called "Ⅱ sand", thickness 9m.

(13) Black carbonaceous slate containing a coal seam. Includes complete plant fossils and shards. This layer is called "Ⅱ slab" and "Ⅱ coal", thickness 14m.

(14) Dark-grey medium to thick bedded middle to fine-grained metamorphosed clastic sandstone. This layer is called "Ⅲ sand" thickness 8m.

(15) Black carbonaceous slate and silty slate containing coal seams with plant fossil and fragments. this layer is called "Ⅲ slab" and "Ⅲ coal", thickness 13m.

Yangjiatun Formation (P_2y):

(16) Light-grey thick-bedded metamorphic composite breccia, thickness 70～120m.

4. Teaching process and arrangements

(1) This excursion is designed for training in geological mapping by conventional methods and modern high technology along a selected route. Therefore, the exact location of geological observations in every layer is of particular importance. Students should begin by digitizing the paper topographical map of the 162.9 Highland (the north side) to prepare a digital topographic map indicating landforms and surface features and that will be used demarcate the boundary line between the Majiagou and Benxi Formations. The teacher should give hints at the start and the students should sketch in the rest of the line.

(2) Students should sketch the geological boundary where they will study it along the excursion route, estimating the position of the line under the teacher's direction as explained above. They should sketch the boundary between the Majiagou and Benxi Formations on the right side of the route under the teacher's direction then extend the boundary to the left themselves, paying attention to the correct interpretation of landforms and the "V" principle. It is enough to extend the boundary for 0.5km among the strata on either side of the excursion locations.

(3) If this excursion is to be used for an exercise in stratigraphic measurement, then the requirements and arrangements are the same as for Excursion 3 at Huangyuan. This section and the Huangyuan-dongshanliang Section each have their strong points. This section has less vegetation and good exposure at outcrop, but it is farther away from the base, so working time is limited by the means of transportation and there are also more security risks. The Huangyuan-dongshanling Section is nearer the base so access on foot allows flexible working time, but the vegetation and the need to cover several lithological sections cause difficulties in distinguishing, observing and measuring layers. Both sections can meet the requirements of observing along strike, and provide students with experience of the "traversing method" and the "tracing method" .

5. Thinking and discussion

Excursions 2, 3 and 4 focus on recording strata and raise the following questions for thinking and discussion before writing a brief summary of the stratigraphy.

(1) What are the main features of the strata of each respective period?

(2) What are the contact relationships between them?

(3) How do these strata at Zhoukoudian compare regionally with contemporary strata developed in the Beidaihe practical district?

Excursion 5 Taipingshan North Slope Stratigraphic Section

1. Teaching route

The Big-Conglomerate Hill on the north slope of Taipingshan → Ermugang

2. Teaching content and requirements

(1) The basic teaching content and requirements are the same as on the Taipingshan south slope route (Excursion 4).

(2) Contrast the combinations of lithologies in contemporary strata, their thicknesses, lithofacies, the sedimentary cycles and the outcrop occurrences with the south slope of Tai pingshan. Find out similarities and differences and then draw general conclusions about the condition and features of the Late Palaeozoic succession.

3. Thinking and discussion

(1) Do the strata of the north and south slopes of Taipingshan repeat themselves symmetrically? What overall differences can we identify? Give examples of similarities and differences in structural types and morphology.

(2) What are the differences in stratigraphic lithologic assemblages in the Benxi Formation between the south and the north slopes? If there are differences, what is the reason: change of lithofacies or effect of structure?

(3) What are the changes of lithological features of the Yangjiatun Formation between the south and north slope?

(4) A sedimentary cycle divides the Taipingshan south slope. Does the north slope have the same obvious features?

Excursion 6 Leigushan→Dongshankou: Intrusive Rocks

1. Teaching route

Leigushan→Guandi→Yitiaolong north slope

2. Teaching content and requirements

(1) To understand the location, size, plane morphology and intrusive age of the Fangshan Compound Intrusion.

(2) To understand, observe and describe the compound intrusion's facies zones, the signs distinguishing different facies and their respective petrologic features.

(3) To observe, understand, measure and record the primary structures of the intrusion.

(4) To observe and describe locations with rock enclosures (also known as heathen, enclaves, schlieren, xenoliths, etc.). To identify their lithologies, record variations in content and morphologic features, and infer their modes of origin (If the cause of formation is unknown, they are total called enclave).

(5) To observe and interpret the cross-cutting relationships and sequence of formation sequence of different intrusion and dikes.

(6) To observe and describe the contact relationship between the intrusion and its country rock.

(7) To map a free hand profile along a transverse through different facies zones within the intrusion, make a sketch of a typical geological section and take photographs by digital camera.

(8) Use conventional methods, GPS, and the computer software system to mark the observational localities on paper field slips and digital terrain images, demarcating internal facies zones and the contact between the intrusion and country rock.

(9) To systematically collect bedrock samples of different facies zones and different weathering types of samples to prepare for the thin section study under the microscope.

(10) To make use of portable analytic testing apparatus to prepare for geochemical analysis.

3. Introduction to the Fangshan Compound Intrusion

The study of Fangshan Compound Intrusion has a long history yielding many scientific results, so that it has been regarded as a classical teaching route of an intrusion from the time when the Zhoukoudian field practical base of China University of Geosciences (Wuhan) was established. The route was selected as an international field excursion of the 30th International Geological Conference in 1996. In view of this China University of Geosciences (Wuhan) collaborated with the local government to erect a monument for memory and protection at the time of the fiftieth founding anniversary of Zhoukoudian field practical base in 2004.

The compound intrusion is located in the northwest part of the Fangshan area, and is roughly circular in plan. Its diameter is 7.5~9km, so it covers an area of nearly 60km^2 and can be described as a medium sized stock. Its contact surfaces are vertical or steep and the intrusion usually slightly overlies the country rocks. Early intrusions in the rock body are quartz diorite and diorite and later intrusions are granodiorite. Intrusion and penetration of the later granodiorite has fractured the earlier quartz diorite and diorite into several small rock bodies near the edge of the main granodiorite. The youngest stratigraphic horizon directly intruded is Permian, but the thermal metamorphic aureole is extensively imposed on the Middle Jurassic Longmen Formation. In view of this, the intrusive age should be later than Middle Jurassic and according to a substantial amount of isotopic age data, the intrusive range is between 100 and 140Ma, indicating that intrusions occurred as a late products of the Yanshan Movements. The whole rock potassium-argon isotopic age of the Dongshankou quartz diorite is 131. 1Ma showing that it was intruded at the same time as the granodiorite.

In the field, the most striking feature of the granodiorite is regular changes in K-feldspar phenocrysts throughout the rock body. Changes in scale, content and zoning of phenocrysts have been used to divide the rock body into 3 parts from outside to inside: border facies, transitional facies, and central facies, approximately forming a pattern of concentric rings with no obvious demarcation lines. At present, the central facies of the intrusion is covered by buildings in an industrial area and thus the observations on this excursion begin with the transitional facies.

Under new mapping rules and requirements, the units of the compound intrusion should be divided or combined into units and super-units using other features as well as the phenocryst pattern. Research towards this end is already underway but not complete, so meanwhile we shall follow the previous well developed scheme.

4. Teaching process and arrangements

1) Specimen collecting on the southeast slope of Leigushan

There are many active quarries in the transitional facies of the intrusion near here and the geology is comparable to the finest outcrops of the rock body. Teaching classes for sampling and observation should be arranged in different places. Successive class activities can be arranged to introduce the overall geology of the intrusion, working methods on the rock body, observation and description of transitional facies rocks, deciding whether primary structures are present, the demarcation of transitional facies and border facies. Students should also fix the positions of localities and samples and mark the demarcation of rock types on field slips to prepare free hand geological profiles through the rock body.

On the excursion from the SE slope of Leigushan to the 127. 2 Highland, besides finishing the demarcation between the transitional facies and border facies, teachers should arrange to observe the size, shape, amount, ingredient change and relevant content of enclaves, xenoliths etc. from the inside to the outside of the intrusion. Students should take photos, sketch, discuss the causes of formation and notice the geological weathering and weathering features including many mushroom rocks (Fig. 3. 9), various other rock shapes and beautiful scenery.

2) The 127. 2 Highland and its neighborhood

This observation point lies on the demarcation line between the border facies of the granodiorite and quartz diorite. Teachers should present the following observational content and finish the related tasks: the east side of the 127. 2 Highland is the location of the contact between granodiorite and quartz diotite. Between these two we can see differences of litho logy, particle size and colour, intercutting relationships of primary structures, associated veins and their relationships. These three genetic features are the main observational content, and main additional task is defining the demarcation points of lithology and drawing the geological demarcation line. In the contact zone to the south of the 127. 2 Highland we can not

Fig. 3. 9 Mushroom rocks (Shot by Zhao Junming in 2008)

only find dioritoid enclaves in granitic rocks, but also xenoliths of gneiss, granulitite, marble and other rocks. We must carefully observe, record, describe, sketch and/or photograph the lithologies, sizes, shapes etc. of enclaves and xenoliths, and con tinue to draw a free hand geological profile.

3) Beside the road west of Guandi Village

The task here is observing and describing the contact relationships between the compound intrusion and country rock. Here the lithology of the rock body is quartz diorite occurring in as fresh rock in fine outcrops convenient for observation and description. The country rock belongs to the Archean Guandi Complex, and lithology is weathered gray and gray-yellow lit-par-lit gneiss (Fig. 3. 10) . Developing felsic veins. Teachers should point out the intrusive contact relationship between the intrusion and country rock. The evidences and signs can be seen in the east of Guandi Village and other places, which will be arranged to observe the content of this part in other routes.

Finish the free hand geological profile in this point.

4) 101. 8 Highland about 300m west of Guandi Village

At this point located on a side road off the highway we study an outcrop called 'Qiangganshi' . Observe and describe the lithological features of several intrusive rocks including a dike and observe its intercalated relationship with the Guandi Complex. Discuss our conclusions, fix our position, map geological boundaries, sketch, take photos and carry out other tasks.

Fig. 3. 10 Lit-par-lit migmatite gneiss in the Archaean Guandi Complex at Guandi
(Shot by Mason in 2007)

5) North slope of Yitiaolong

This is the contact of the intrusion and its surrounding country rocks. Describe the lithological features of the rock body and name them correctly. Describe the lithological features of the surrounding rocks and assess their relative ages. Identify the formation and observe the intrusive contact relationship between the two. The rock body forms a local branch intruded into the surrounding rock.

Record and fix locations, map boundaries, make sketches and take photos. Continue along the traverse route from Leigushan to the 127. 2 Highland to make geological observation to the west of Guandi Village, tracing the line of the intrusive contact with the country rock.

5. Thinking and discussion

(1) After completing this excursion, how well have we mastered knowledge of magmatic rocks and petrology? Which aspects should be strengthened?

(2) How do field observation and working methods in intrusive igneous rocks differ from those of stratigraphy?

(3) Do we understand all the petrological features of the Fangshan Compound Intrusion: the criteria for distinguishing different internal intrusive facies (units), all kinds of

enclosures inside and at the edge of the rock body, the primary structure of the rock body, the contact relationship between the intrusion and country rocks and other geological phenomena?

(4) We are now able to analyze the emplacement mechanism of the compound intrusion.

(5) We should write a personal summary of observations on the Fangshan Compound Intrusion.

Excursion 7　Chechang→Longmenkou: Thermodynamic Deformation Structures in the Fangshan Compound Intrusion

1. Teaching route

Longmenkoudonggou→Longmenkoudongshanliang

2. Teaching content and requirements

(1) To observe and describe lithological features of the west-north edge of the Fangshan Compound Intrusion.

(2) To observe, identify and measure a ductile shear zone (protomylonite), synkinematic gneisses, compressional schistosity and other thermodynamic deformation structures developed at the edge of the intrusion.

(3) To identify indications of ductile shear zones such as S—C foliation, rotated porphyroclast, oblique non-penetrative rotation structures (domino structures), crooked-neck structures etc.

(4) To observe, identify the brittle fracture zone developed in the rock body, measure its dimensions, occurrence, determining sense of movement and mechanical properties of the rock by studying associated structures such as feather joints and strain markers such as xenoliths, enclaves and schlieren.

(5) To carry out staged structural analysis of structural phenomena on the west-north edge rock body, combined with various structural indicators, structural types and structural correlation at different observed points.

(6) To analyze the emplacement mechanism of the Fangshan Compound Intrusion using regional material supplied by teachers.

(7) To complete typical structural sketches of each locality using a digital camera to take photos.

3. Teaching process and arrangements

1) Beside the Donggou River

Teaching arrangements focus on the lithological features of the rock body. Observe planar structures such as gneissosity, compressional schistosity, fabrics manifested by biotite and other minerals, and flattened enclaves and xenoliths. Recognize, describe and measure the ductile shear zone, including the types and quality of strain and shear-sense markers, the developed size of the shear zone, changes at its tail end, early to late intercutting relationships of the shear zone and compressional schistosity zone.

2) West slope of Dongshanliang

Follow a similar teaching programme to that above. Notice that S—C foliation structure, rotational porphyroclasts defined by coarse K-feldspar, domino structures and crooked-neck structures (Fig. 3. 11) are better developed and display more typical morphology. Teachers should ask students to find out whether they can discover differences between the occurrence of blastomylonite shear zone and its shear-sense between two different localities. What is the relationship between the two? They should carry on observing, analyzing, studying and asking questions.

Fig. 3. 11 Crooked-neck structures (Shot by Zhao Junming in 2008)

3) Dongshanliang

First of all, observe the compressional schistosity zone. Record its occurrence, and analyze differences from the two localities studied earlier. Identify and measure the features displayed and associated structures. Identify sport-subject feature that demonstrate that this is a brittle fracture zone (left row or right row?) . Interpret and analyze intercutting relationships and formative sequences among the three types of structures: the compressional schistosity zones, the ductile shear zone, and the brittle fracture zones.

4. Thinking and discussion

Compared with the stratigraphic excursions, observation and research on structural phenomena aim to generalize, resolve, analyze and integrate information that seems to be scattered, incomplete and isolated in order to arrive at a reasonable explanation. Students should consciously enhance their geological thinking about space and time in their future study on the structural geology excursions. With this idea in mind, some questions are raised for thought and discussion:

(1) We have determined the macroscopic states of strain in the ductile shear zone, e. g. from the deformation of strain markers such as schlieren. Do microstructures such as rotational porphyroclasts and domino structure inside or near the shear zone show similar states of strain?

(2) In two adjacent shear zones, can we compare directions and strain features to perform an analysis of structural stress (e. g. one shear zone might be sinistral, the other dextral)?

(3) Is there evidence for progressive strain among the many structures observed in this teaching route?

(4) Many thermodynamic deformation structures are intensely developed at the NW edge of the Fangshan Compound Intrusion. How would you relate the emplacement mechanism of the intrusion to stresses indicated by your structural analysis?

5. Teaching hints

A planar fabric manifested by biotite and other minerals and the flattened shape of enclaves and xenoliths (schlieren) are most developed at the edge of the intrusion. The foliation is always parallel to the contact interface of the intrusive rock body and flat against the country rock. The dips at the SE margin are gentler (40° to 60°) while the dips at the NW margin are steeper (80° to 90°) . Strain measurements of enclaves and xenoliths show that the NW margin of the rock body has more obvious deformation, which may reflect an oblique upwards arcuate tectonic transport from SE to NW during magma emplacement. The margin of the rock body (especially the NW margin) has developed strong deformation zones comprising the ductile shear zone, synkinematic gneiss, compressional schistosity, etc. This is most obvious from Chechang to around Longmenkou over a width of 700m and 6km length. The whole deformation zone has a crescent shape with the top of the arc top directed NW. The inside of this zone overprints non-penetrative ductile shear zones which dissect the deformation zone and constitute local high-strain zones with their assemblages an echelon or conjugated. The obtuse bisecting line of the conjugate ductile shear surfaces indicates a compressional direction which changes a little along the different internal parts of the crescent-shape deformation zone, displaying a pattern radiating from the centre of the intrusion.

Excursion 8 The 164 Anticline

1. Teaching route

164 *stone quarry*→137 *Highland*→*Meitangou*

Fig. 3. 12 The 164 Anticline (Shot by Zhao Junming in 2008)

2. Teaching content and requirements

(1) To observe and determine the structural stratigraphic age of formation of the 164 Anticline (Fig. 3. 12), describing lithology, assemblage features and stratum thickness changes around the fold.

(2) To observe, identify and describe the morphological features of the 164 Anticline's major structures.

(3) To observe and distinguish the development of associated minor structures in different parts of the major anticline, and analyze their structural significance.

(4) To determine the types, features, causes of formation and interrelations of early structures, main structures and late structures and also make a preliminary distinction between orders of structures.

(5) To carry out systemic measurements of each structural element, collect and store the related field data and diagrams, collect related structural specimens and structural rock specimens, make typical structural sketches picture and use a digital camera to take photos.

(6) To use both conventional methods and new technology to fix structural observa tional locations in different parts of the major structure on paper and a digitized topographic map.

(7) To make use of a portable computer and software system to determine the position of the contact between Quaternary deposits and bedrock, and draw the geological boundary of the Quaternary system.

(8) To learn how to draw perspective sketches.

3. Teaching processes and arrangements

1) Exposure at the west side of No. 1 Stone Quarry

Choose a point where the axial trace of the 164 Anticline passes through the quarry face in order to see a complete view of the hinge and two limbs. The teaching procedure is as follows: teachers give a brief introduction to the 164 Anticline and show its main parts. They demonstrate the principle, methods and skills of perspective sketching and the students complete a master structural panorama sketch by careful observation, analysis and comparison. The teacher discusses their conclusions with the students.

2) Bottom of the quarry pit at the south side of the 162. 9 Highland

This point is the northern end of the 164 Anticline where the bedrock disappears beneath Quaternary sediments. Describe the demarcation line of the Quaternary system; make measurements of the folded strata at the northern end of the anticline marking them in their proper positions on the landscape; observe the dimensions and morphology of an early intraformational appressed fold visible at this point, measure the related lineation and foliation and analyze the relationship with the major fold; distinguish the relationship between the early fold hinge and its lineation developed in the hinge zone; analyze the strain type (the A-type fold means that the direction of the movement accords with the hinge line, or the B-type fold is defined as the direction of the movement vertical to the hinge line)

3) The Anticline hinge and hinge zone in the centre of No. 1 Stone Quarry

Observe the morphology of the major fold hinge and measure the orientation of the hinge line and surface and the two limbs. Recognize associated minor-scale structures on the limbs, such as bedding surface slide scratches and slickenside surface steps and determine their movement directions and senses. Understand how to determine the trend (‘pitching-direction’) and plunge (‘pitching-angle’) of lineations, both striations and glide lineations. Analyze the geometrical elements of trend, plunge and pitch. Distinguish the relationship between these types of lineation and the major anticline hinge line and analyze the progressive strain attributes of the main period of folding (the A-type fold or the B-type fold).

4) Bottom of the quarry pit at the north side of the 137 Highland

Locate this geological point and draw the geological boundary line of the Quaternary system. Measuring the attitude of the south limb of the major anticline and mark its proper position in the landscape. Observe the synkinematic second order subsidiary minor folds on part of the limb, their morphological features and structural significance. Observe and measure the almost straight intersection of steep cleavage with bedding that is well developed in the hinge and north limb, describe its features, distinguish the types of cleavage and decide whether it is related to the formation of the main-period fold.

5) The 137 Highland

Here we are on the south limb of the 164 Anticline. First observe the early minor-scale bedding shear zones, then early minor intraformational appressed fold and the axial-plane cleavage of the main fold. Look for boudins, wedging folds, torch-shape joints, pitching cleavages etc. Measure, record, describe, sketch, and photograph all the minor structures, making sure they include scale, morphology, occurrence and structural significance. Make a preliminarily analysis of the cause of formation to complete all stages of the observation and study exercise.

6) Meitangou

The end of the plunging 164 Anticline is near Meitangou. Construct a large scale transverse structural profile along a short distance of the trench. Observe the core of the anticline and stratigraphic position of the strata on the two limbs. Compare them to find out whether the stratigraphic sequence reappears symmetrically on each limb. Trace the top interface of the Majiagou Formation, measure its stratigraphic occurrence, and understand the implication of the plunging hinge line of the anticline from the changed rule of attitude.

4. Thinking and discussion

(1) This excursion route displays abundant and typical complex structural phenomena. It provides an opportunity to comprehensively associate and analyze all the information obtained form every observational point. The intraformational appressed fold has axial-plane cleavage and an early minor shear zone parallel to bedding (i. e. S_1 is parallel with S_0). However, the glide lineation developed in the hinge of the intraformational appressed fold is consistent with its formation contemporaneously with the major fold hinge. How did this fold form?

(2) The hinge of the intraformational appressed fold is almost exactly parallel with the major fold hinge of the 164 Anticline. What does this suggest?

(3) According to analysis of the two limbs of the 164 Anticline, transitional point and hinge, what can you say about the spatial morphology of this structure?

(4) Can we discover the causal mechanism and kinematic stages of the major fold from the secondary folds, slip movements, slickensides, shear zones etc?

(5) Can other minor-scale structures such as N→S strike of the steep axial planar cleavage, wedging folds, feather joint, etc. be related to the major fold and the causes of formation?

Excursion 9 Longgushan to Gezi Cave: Folding

1. Teaching route

The site of Homo erectus pekinensis→ Gezi Cave

2. Teaching content and requirements

The teaching content and requirement about fold structure is the same as 164 Anticline excursion (Excursion 8).

3. Teaching process and arrangements

1) Gezi Cave

Determine the stratigraphic age of strata in this area and describe the features of the lithological assemblage. Analyze and study the shape of the fold developed in this locality, measure and record structural elements related to the fold, complete landscape sketches begun on Excursion 8. Observe and describe the large-scale lineation, measure its occurrences and explain its causal type and structural significance.

2) Stone quarry at the north side of Gezi Cave

Here there is a westward extension of the 164 Anticline, and the observational content is the same as Excursion 8 on the whole. It reinforces two points: first, by studying all the deformation features of the fold, can we decide whether its plunge is greater or less than its overall longitudinal trend? Second, what morphological changes can we recognize in the anticlinal structure between different profile sections? The distance between this quarry and the 164 Quarry is about 1600m, and the artificial cross sections in each quarry are at different angles to the longitudinal trend. We can combine these two with the Meitangou transverse profile in Excursion 8, compare this vertical structural profile with the 164 Anticlinal axial trace and obtain quantitative fold profiles in 3 different positions. This an example of the use of plunge projection analysis in analytic structural geology.

Excursion 10 Gushankou: Complex Folding and Small-Scale Structures

1. Teaching route

The cliff next to the railroad at Gushankou railway station

2. Teaching content and requirements

(1) Determine the stratigraphic age of the folded rocks. Observe and describe the lithologies and lithological assemblages.

(2) Observe, identify and describe various typical structures related to the major fold structure, measure different structural elements and collect related information.

(3) Observe morphological features of different levels of folds and their interrelations.

(4) Explain the significance of other small-scale structures.

(5) Make outcrop sketches of typical structures and landscapes, photograph them by digital camera.

3. Teaching process and arrangements

1) The highland south-west of the railway

Introduce the regional geological background and the structural location of the complex fold at Gushankou. Determine the stratigraphic and lithological assemblage. Observe the whole fold structure from a long distance in the northeast of the railway. Finish structural landscape sketching and photography.

2) From the cliff NE of the railway

Observe the following structural points from NW to SE:

(1) Fold observation and measurement: a small-scale fold structure (Fig. 3. 13) at this point is well exposed in three dimensions. The first task is for students to observe and describe the relationship between bedding and cleavage under teachers' supervision. Then they need to measure the attitude of the two limbs, the hinge line, axial plane cleavage, bedding/cleavage intersection lineation and other elements individually or in groups. They should use this information to classify the fold style and kinematic evolution.

Fig. 3. 13 Fold structure (Shot by Zhao Junming in 2008)

(2) Observe and measure secondary folds: syntectonic secondary folds are often developed in the large-scale fold. The secondary folds on the limbs are asymmetrical and described as "S" or "Z" shaped. The folds in the hinge zone are symmetrical and described as "M" shaped in the anticline hinge and "W" shaped in the syncline hinge (Fig. 3. 14), thus constituting an overall "SMZ" shape or "SWZ" shape. This kind of studying of secondary folding is the basis of determining the large-scale structure of a fold. The higher order structure of this

Fig. 3. 14　"W" shaped syncline structure (Shot by Zhao Junming in 2008)

fold is synclinal and so it has symmetrical "W" shaped secondary folds developed at its hinge except where longer limbs are developed in the secondary folds. Students should also master the concepts of fold inverted-trend and fold enveloping surface and be capable of using them.

(3) Here we can see non-penetrative slip cleavage (Fig. 3. 15) associated with the fold: observe the character and interval of the slip cleavage at this point, and classify its structural type.

(4) At this point there is boudinage and wedge-shaped folding as well as boudins and wedge folds, torch-shaped joints are also present. Observe and describe typical features of the small-scale structures and analyze their structural significance.

(5) At this point study cleavage and joint. Observe and determine the types of cleavage and joints and their relationships, the characters of occurrence and pattern of cleavage and joints (sector arrays and adverse-sector arrays) and their relationship to fold structure, the character of cleavage and its associated features in different lithological layers (e. g. cleavage refraction Fig. 3. 16) . Understand the meaning of rock competence and the relationship of cleavage and bedding and use it to judge whether the succession is normal or reversed.

3) At the cliff SE of the railway

Observe and describe the lithology; determine the structural types and morphologies of large-scale lineations; measure the direction of lineation; analyze the relationship of large-scale lineation to the fold structure; observe the difference of structural types in contrasting adjacent layers; gain further understanding of the influence of rock competence on tectonic deformation.

Fig. 3. 15 Non-penetrative slip cleavage (Shot by Yuan Yanming in 2006)

Fig. 3. 16 Cleavage refraction (Shot by Zhao Junming in 2008)

4) Around the railway station

Observe and understand the sheath folds at this point, especially their varying shapes when seen in different sections; measure and analyze the related lineation and foliation in detail; understand their mechanism of formation and structural significance.

Excursion 11　Luobuding→Meikuanggou: Superposed Folding

1. Teaching route

Luobuding→Ermugang→Meikuanggou

2. Teaching content and requirements

(1) Observe and measure superposed folds, describe the resultant interference patterns in plane profile and record their spatial spread.

(2) Determine proof that the folds are superposed.

(3) Make use of computer software to measure and draw structural profiles.

3. Teaching process and arrangements

1) Luobuding→Ermugang

Use a metamorphic breccia at the bottom of Yangjiatun Formation as a marker horizon to map out lacy, dumbbell-shaped or irregular interference patterns produced by superposed folding. Identify a group of NNE trending (about 10°) superposed folds normal to the EW extension of the axial trace of the Taipingshan Syncline. Draw an EW structural profile from Luobuding to Ermugang to illustrate the morphological features of the superposed folds.

2) Meikuanggou

Identify and distinguish bedding and cleavage, and measure the direction of each. Observe and trace the trend of quartzite and slate of the Shanxi Formation. Draw an EW structural profile to illustrate the NNE trending superposed folds.

4. Thinking and discussion

The NNE trending superposed folds identified on this excursion generally have a typical steeply-dipping axial-plane cleavage striking NNE. Notice the plunging fold axial directions on the cleavage planes, wedging fold hinges, the direction of boudin necks parallel to the baxis and finally the torch-like en echelon trend crossing the 164 Quarry and 137 Highland, all trending NNE. Are they products of an identical stress field? Can they be regarded as structures associated with the NNE trending superposed folds or are they some kind of related structures associated?

Excursion 12 Guandi→Yangshigou: Metamorphic Rocks

1. Teaching route

Guandi→Yangshigou→Luotuoshan→Sanbuguangou

2. Teaching content and requirements

(1) Observe and describe the lithological assemblage features of the Archean Guandi Complex and its contact relationship with the Fangshan Compound Intrusion. Understand its time of formation, regional tectonic setting and genetic background.

(2) Observe and describe the rock types and lithological features of contact (or thermal) metamorphic rocks. Distinguish metamorphic facies zones and determine the PT conditions of metamorphism.

(3) Recognise a detachment fault and its genetic features and identify its associated structures.

(4) Observe and describe lithology, deformation features and structural significance of veins developed along fractures.

(5) Observe the condition of strata in metamorphic rocks, paying particular attention to the possible occurrence of stratigraphic breaks, changes of thickness of each layer, and relationships with faults.

(6) Make use of a portable computer and software system to measure and draw free hand geological profiles on a scale of 1 : 2 000 and a map of the geological route.

(7) Determine and observe the intraformational appressed fold, recording its features and host stratigraphic horizons.

(8) Systematically collect specimens of each kind of rock and also oriented specimens for structural analysis.

(9) Finish sketches of all kinds of typical geological phenomena and use a digital camera to take photos.

3. Teaching process and arrangements

1) East of Guandi Village

Observe and describe all features of the Archean Guandi Complex on the roadside east of Guandi Village. Compare and contrast them with sedimentary and intrusive magmatic rocks. Observe the contact relationship between the metamorphic complex and Fangshan Compound Intrusion, map out the contact line and identify the type of contact. Observe and measure gneissose structure. Observe and record the lithology and lithologic assemblages of the metamorphic complex, distinguishing and naming at least five kinds of rocks.

Tips: the Archean Guandi Complex lies from N to S along the eastern edge of the Fangshan Compound Intrusion and east-edge with a total outcrop area of less than 0. 5km^2. It is part of the Fangshan metamorphic core complex. Its main lithologic assemblages are biotite plagiogneiss, migmatitic granite, amphibolite, leucoleptynite, biotite granulitile and hornblende granulitite. There used to be two opinions about the genesis and time of the Guandi Complex. At first, it was thought to be an ancient metamorphic rock series from the Archaean Eon; but later it was thought to be a metamorphosed sedimentary rock series deposited from the Proterozoic Eon to the Palaeozoic Era metamorphosed, intruded and mixed with magma of the Fangshan Compound Intrusion. Recent research on the petrology, petrochemistry, accessory minerals and rare earth element distribution combined with analysis of the regional and local structural setting, and above all Pb-Pb dating of zircons to approximately 2449Ma has confirmed that the time of formation of the Guandi Complex is Archaean. It is part of the ancient crystalline basement of the North China Block.

2) On the 101. 4 Highland near Luanshilong

Observe the metamorphic rock structure, recognise a small-scale ductile shear zone, small-scale fold structures and penetrative foliation and lineation structures developed in the Guangdi Complex. Identify mylonite, observe and recognise its texture and structure.

3) On the 101. 3 Highland S of Guandi Village

Observe the detachment fault. The sporadic rock outcrops at this point are of mylonite (Fig. 3. 17), a product of stripping of cover along a detachment fault. We can use comparative stratigraphy to identify the existence of a fault: N of this point are distinctive rocks of

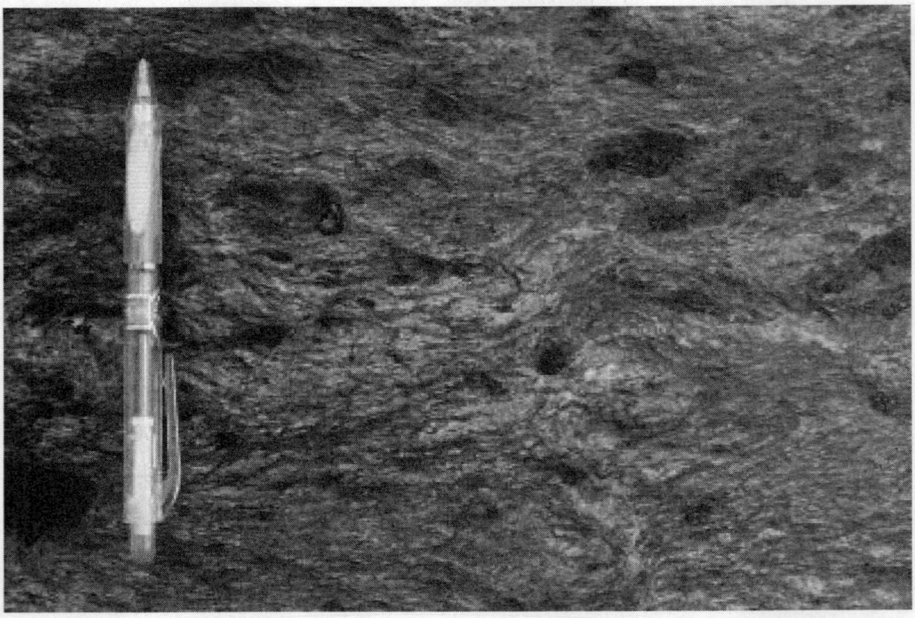

Fig. 3. 17　Mylonite (Shot by Zhao Junming in 2008)

the Guandi Complex whereas the Tieling Formation can be observed about 100m south of this point. Overlying Hongshuizhuang Formation and Wumishan Formation etc. are missed in the sequence. The main detachment fault extends E to west channel of Shandingmiao, where the stratigraphic sequence is much clearer. This will be observed and studied in the Excursion 15.

4) Yangshigougoutou

The Tieling Formation outcrops here. Observe and describe the lithology and assemblage features of this formation, and the change of thickness compared with the Bajiaozhai section. Identify the minerals tremolite, diopside and others in tremolite marble and diopside marble.

5) Northwest of Luotuoshan

There is a fault contact between the Tieling and Xiamaling Formations. Observe the features and measure the direction of the fault surface, the width of the fault zone, the types of tectonite, drag folds on both walls of the fault and other associated structural features. Determine their structural significance, and thickness changes between strata of the hanging wall and footwall. Combine the various aspects above to determine the nature of the fault. Observe and describe the lithological changes and composite features of the Xiamaling Formation. Identify andalusite, garnet and other minerals. Identify and describe the litho logical features and spatial zoning phenomena in garnet-mica-schist and andalusite schist. Understand the geological conditions of contact metamorphism and its superposed relationship with regional metamorphism.

6) S of Luotuoshan to Sanbuguangou

Observe and describe the lithology, lithological assemblage and thickness changes of each formation from the Xiamaling Formation to the Middle-Upper Cambrian strata for the purpose of comparing the strata horizon with those previously studied on the stratigraphic excursions. Describe and analyze the contact relationships of each stratum and identify the stratigraphic hiatus caused by a strike fault. Understand the principles of the detachment fault system developed in the cover rocks, prompted by teachers.

7) Sanbuguangou stone quarry

Observe and describe the occurrences of mineral veins at this spot, using their correct names. Observe deformation features in parts of the rock and analyze their relationships with the detachment fault and the evidence for multiple phases of deformation (The detachment fault is between the Middle-Upper Cambrian strata and the Majiagou Formation, and veins developed in the detachment zone. The two extend together in one plane) . Recognize small-scale tight intraformational folds developed in the Majiagou Formation and observe their occurrence and morphological features. Analyze their structural significance.

4. Thinking and discussion

This excursion is a comprehensive observational and teaching route, with abundant geological content, including stratigraphy, metamorphic rocks, vein rocks, faults and other related structures. Discuss the following questions:

(1) How many types of metamorphism occurred in the rocks we have seen along our route? What is the geological background of the contact (thermal) metamorphism?

(2) Compared with the stratigraphic section from Bajiaozhai to the Shuanmazhuang Bridge and Huangyuan-dongshanliang, how much of the stratigraphic sequence of each formation is preserved in this route? Is the sharp decrease in thickness caused by facies change or faulting?

(3) Try to decide the mechanism and summarize the features of the major detachment fault and the cover detachment fault system.

(4) A detachment fault is usually a low-angle normal fault, but the fault dip angle observed on this route is steep. What is the structural significance of this?

(5) The type of veining observed in the detachment fault is common throughout the Zhoukoudian field practical area. What is its structural significance?

5. Teaching hints (Additional observations)

The metamorphic Excursion 16 of the 30th International Geological Conference in 1996 was on the south slope of Yitiaolong, next to the present excursion. There is a monument erected by China University of Geosciences (Wuhan) and the local government in Dongshankou Village at the starting point of that excursion. The geologic content of Yitiaolong south slope excursion is almost identical to the Yangshigou route, and the two complement each other. Either is suitable for introducing practical teaching in metamorphic rocks.

Excursion 13 Fracturing at Fangshanxi & Reconnaissance of the Eastern Independent Practical Area

1. Teaching route:

Fangshanxi→Xiangyuanshan→Shandingmiao

2. Teaching content and requirements

(1) Recognise and measure reverse faults and their features, observe their characteristics and associated structures and learn to use the associated structures to assess the nature of the fault.

(2) Identify and describe related tectonite.

(3) Trace and investigate the morphology of the fault surface along the fracture trend.

(4) Observe features that indicate multiple phases of faulting and analyze the episodes of fault activity.

(5) Reach an overall understanding of the range of landforms and geomorphologic fea-

tures and outcrop patterns of the fault surface and bedrock on either side (both sedimentary strata and intrusive rocks) and the expression of the major structures in the eastern independent practical area (mapping area) . Decide the units to be mapped.

(6) Make sketches of typical geological phenomena and take digital photographs.

(7) Use a portable computer or pocket calculator machine and computer software system to record and represent the fault profile.

(8) Make a systematic collection of tectonite specimens.

3. Teaching process and arrangements

1) The south-west side of the Fangshanxi 99. 7 Highland

Observe the fault structure at this locality. Measure the outcrop width of the fault zone and determine the formation names, lithologies and succession of strata from experience on previous excursions. Observe friction-polishing, slickensides and step structures developed on the fault surfaces of reversed faults and determine their movement directions. Observe the features of the associated structures in the fault zone such as secondary faults, joints, cleavage, crenulations, structural lenses (phacoids) and learn how to measure the trends of faults. Observe and describe the nature and types of fault rocks (dynamic metamorphic rocks) in the fracture belt. Measure, sketch and photograph related features of the fault surface and associated structures. Use these measurements under teachers' guidance, along with intersecting relationships of secondary faults in the fracture zone and regional geological data, to discover when the fracture structural zone was active.

2) Near No. 1 Fuba of Niukouyu Reservoir

Trace the boundary of a small-scale granite body here and observe the times of intrusion and the lithology of the country rock. Search for internal stratigraphic xenoliths in the intrusion and discover their lithologies and ages. Describe the rock types of the granite and observe the developed shape of intrusion in the plane.

3) North of the Fangshanxi 110. 8 Highland

Observe a fracture belt of crushed rocks in artificial outcrops here. The observational contents and method are the same as at the south-west side of the Fangshanxi 99. 7 Highland. Make a large scale structural profile, and analyze the relations between two fracture structures.

4) No. 3 Fuba by the Niukouyu Reservoir and observation of the Mogushan profile

Identify stratigraphical ages, lithologies and combined features in this profile. Observe and describe fracture structure on the north-west side of Mogushan and medium to small fold structures in strata of the Xiamaling Formation.

5) Near by the Niukouyu Reservoir Management Office

Begin by making large scale observations of the opposite side of the reservoir. Note the vegetation patterns, paths and ways over the hilltop around the Niukouyu Reservoir. Continue with detailed geological observations of the distribution of strata and state of outcrop in order to arrive at an overall understanding of the topography, land forms, geology etc. around Niukouyu. Decide on detailed areas for independent mapping in this area.

6) Between Shandingmiao and Xiangyuanshan

Carry out geological observations along this part of the excursions in the following order:

(1) Investigate the lithology, changing occurrence and morphology of the Longshan Formation.

(2) Investigate the lithology, changing occurrence and contact relationship of the Fujunshan Formation with neighboring strata.

(3) Investigate the lithology, changing occurrence, morphology and contact relationships of neighboring strata from the Mantou Formation to the Maozhuang Formation.

(4) Repeat 1), 2) and 3), studying the Middle and Upper Cambrian formations.

(5) Study the lithology of the Fangshan Compound Intrusion and its relationships with the surrounded rocks.

(6) Investigate the lithology and other features of dyke rocks in the fault zone.

(7) Record and interpret splaying and intersection phenomena of the fault zone on the exposure plane.

(8) Make similar structural observations of the small-scale ductile shear zone and intraformational closed fold in the Middle Cambrian and Upper Cambrian strata.

7) Near the gate of the sewage works

Take a wider look to interpret general conditions of landforms and geology to the west of Xiangyuanshan in order to arrange and design a route to follow in preparation for independent mapping.

8) Shandingmiaoxigou

Carry out geological observations along this part of the excursions in the following order:

(1) Observe lithological features of the major detachment fault which brings the Archean Guandi Complex into direct contact with the Xiamaling Formation at this locality. Note the lithological features of the strata on each wall of the fault, the disruption of strata, the width of the fault zone, development of tectonites, and varied lithification, epidotization and silicification.

(2) Observe outcrop to hand-specimen sized features of mylonite developed in the Guandi Complex.

(3) Observe the rock types of the Fangshan Compound Intrusion in this section and its relationship with the country rocks.

(4) Note the distribution of Quaternary strata.

4. Thinking and discussion

We have studied all the main structural types of this region in these excursions in the early days. We should now use this foundation to complete a research summary of the structural aspects of the Zhoukoudian area, including our preliminarily understanding of the methods, means and procedures of our regional geological survey and research, including:

(1) The types, features, orders and causes of formation of the fold structures.

(2) A similar summary of fracture structures.

(3) The relations between various small-scale structures and major structures.

(4) The field work of this excursion should be combined with indoor teaching, aimed at mastering the concept, types and standards of regional geological surveys in order to establish a firm foundation for the next stage of independent mapping practice.

Excursion 14 Bid-Conglomerate Hill and Reconnaissance of the East-central Independent Practical Area

1. Teaching route

Big-Conglomerate Hill→Taipingshan→Fangtoushan

2. Teaching content and requirements

(1) Recognise transverse and inclined faults and measure their parameters.

(2) Observe and describe the stratigraphic lithology and lithological assemblage features from the Benxi Formation to the Yangjiatun Formation, and compare them with the equivalent formations on the south slope of Taipingshan.

(3) Observe, measure and analyze secondary folds developed in the Taiyuan and Shanxi Formations.

(4) Make further studies of the major syncline, comparing the stratigraphic successions and structures on the two limbs.

(5) Use a portable computer or pocket calculator as well as free hand surveying to construct a geological profile at 1 : 2 000 and draw a geological route map.

(6) Continue the reconnaissance of the middle-east independent practical area (mapping area), following the same methods as in Excursion 13.

3. Teaching process and arrangements

1) Between Big-Conglomerate Hill and Small-Conglomerate Hill

Examine the stratigraphic alternation between the Taiyuan Formation and Shanxi Formation to reveal the transverse fault and inclined fault, and observe the expression of the structure on the exposure plane.

2) Big-Conglomerate Hill to the flat-topped ridge of Taipingshan

Observe the topographical expression and lithology of each formation and their composite features. Recognise meso-scale secondary fold structures in the Taiyuan and Shanxi Formations. Sketch a 1 : 2 000 geological profile paying careful attention to the exact position of boundary points and construct an accurate geological demarcation line.

3) The flat-topped ridge of Taipingshan

Understanding the extension of middle-east mapping area; further acquainting the topography and ground object; observing the outcropping condition of bedrock in surveyed area, going step further to familiarize 164 Anticline, Taipingshan Syncline, NNE trend superimposed fold and other main structural spread location and total configuration; understanding the traversing condition of surveyed area etc.

4) Fangtoushan

Observation of the flat-topped ridge of Taipingshan and study over the southern part of Fangtoushan in complete preparation for the coming independent mapping project.

Excursion 15 Land Forms and Quaternary Deposits Along the Zhoukou River and Reconnaissance of the Central Independent Practical Area

1. Teaching route

Zhoukou River Bridge→Peking Man Museum→Tankuangsuo→Sanbuguangoukou

2. Teaching content and requirements

(1) Observe the Zhoukou River Valley and its associated land forms. Identify, classify, and compare talus, alluvium and proluvium. Make an outline structural survey of the Quaternary system in the Zhoukoudian area.

(2) Use a portable computer or pocket calculator and computer software system to survey and map a traverse across the Quaternary system deposits in the Zhoukou River Valley.

(3) Visit the *Peking Man* Museum and view the relics of *Homo erectus pekinensis*. Observe karst geomorphology and cave deposits.

(4) Make a reconnaissance of the central independent practical area (mapping district), including the Zhoukou River Valley and neighboring district, a new type of mapping terrain where land resources can be evaluated in addition to the conventional reconnaissance content, introducing new disciplines, such as environmental geology, hydrology, engineering geology, hazard evaluation, tourist geology and agricultural geology.

(5) Learn standard survey techniques and pictorial representation conventions for the new types of resource investigation. Decide mapping units of the Quaternary system and choose routes for more detailed investigation.

(6) Systematically collect Quaternary sediments and water samples to test and analyze using portable testing and analyzing equipment.

3. Teaching processes and arrangements

1) High ground around Longgushan

Introduce Quaternary geology and geomorphology; directing students to study the wide view and observe all kinds of geomorphologic units, distinguishing the eroded sedimentary hill districts, volcanic hill districts and eroded river valley deposits at Taipingshan, Longgushan, and in the Zhoukou River Valley.

2) *Peking Man* Cave

Observe the geomorphologic position of the *Peking Man* Cave, morphological features of the cave and its relationship with the geological structure, and the sequence and lithological features of the cave deposits. Learn to recognize the animal and human fossils and palaeoanthropological artefacts in the sequence.

3) Shanding Cave (Fig. 3. 18)

Make similar observations to the *Peking Man* Cave.

Fig. 3. 18 Shanding Cave (Shot by Zhao Junming in 2008)

4) *Peking Man* Museum

View the *Homo* erectus pekinensis relics.

5) Zhoukou River Bridge

Observing the developed condition and displayed features of tertiary terrace; contrasting the developed transverse difference between the two sides terrace of river valley, far away observing the longitudinal changes from the upper stream to Tankuangsuo; observing the polluted water condition of Zhoukou River and gathering the water samples.

6) Laoniugoukou

Observe, describe and make a geological section through the Quaternary system, including rock types, lithology, lithofacies and thickness of sediments. Divide the strata into formations; collect specimens and samples; cross over the Zhoukou River Valley to the east bank to complete the 1 : 2 000 transverse profile.

7) Tankuangsuo

Observational content includes:

(1) The Zhoukou River Valley narrows in this section to only 100~150m so that it has become a canyon with an asymmetric "V" form. The east bank slope is high and precipitous and entirely of bedrock with a gradient of 40°~60°, partly flat. The west bank valley slope is gentle and thick Middle to Late Pleistocene slope wash forms the upper part.

(2) The east bank of the Zhoukou River is formed by gravity erosion that not only makes the falling gradient steep and gives rise to many free faces, but has also given rise to a complex landslide system at the west end of Taipingshan, with at least three separate landslides. The landslide planes slope down to the west of the Zhoukou River. Landslide slip rocks and other detritus form large and small piles at the toe of the slope, displaying typical talus geomorphology. This debris is a geological hazard and a potential geological disaster. Show students the dangers of landslides and discuss how the hazard has come about.

Tips: hazard conditions for landslides and their main influences are firstly, the formation of a free rock face in the river valley; secondly the NE and NW trending faults and joint that cause planes of weakness in the rock mass; thirdly, the high clay mineral content of Carboniferous to Permian coal measures which easily break up to form weak sliding surfaces; and fourthly, the increased risk of instability due to subsidence of in coal mined-out areas.

(3) Survey and map a transverse profile of this section of the river valley, as at east bank of Zhoukou River.

8) Sanbuguangoukou

(1) Observe the low hills and other geomorphologic features of the headwaters of the Zhoukou River.

(2) Observe the morphology of the Zhoukou River. The valley trench gradually widens from this point as we descend the upper stream. At Xizhuang near Dongshankou, the valley trench is 1km wide and has become a wide valley.

(3) Observe the vegetation, types of crops and the low hill area.

(4) Collect separate soil and water samples at the Sanbuguangoukou where the main composition of bedrock is carbonate, at Dongshankou where granitoid is the main bedrock, and at the north of Shenpingshan where detrital rocks are the main bedrocks. After returning to the base, use portable testing analytic apparatus to test and compare them.

9) Roadway Bridge to the east of Jigushan

From the Sanbuguangoukou continuing downstream to this point along the Zhoukou River, we should make the following observations:

(1) Notice the plan morphological changes in the valley that has straightened out alongside the road. The upper part of the Sanbuguangou River is 1km in width. The Tankuangsuo section is only a little more than 100m long. To the SE the lower river gradually becomes wider, and to the south of Zhoukoudian it takes on an open fan-shape and pours out into the Huabei Plain.

(2) Trace and observing the changes and features of terrace, from longitude along the stream valley.

(3) Recognise the topographic features of inclined flood deposits spreading onto the alluvial plain in front of the mountains on the south of a line that runs Fangshan→Niukouyu→Yunfeng Tempel→Zhoukou Village. Note the types of crops and agricultural development.

(4) Map a transverse profile of the Zhoukou River Valley according to the former requirements and make a comparison.

(5) Collect water samples and soil samples at this locality and its neighborhood, analyzing the test results and making a comparison with samples from the upper river.

Excursion 16 Dongshankou→Luanshilong: Metamorphic and Igneous Rocks & Reconnaissance of the Northern Independent Practical Area

1. Teaching route

Dongshankou→Luanshilong→Xibozigou

2. Teaching content and requirements

The northern independent practical area (mapping area) is north of Sanbuguangou. In the past, most independent mapping was carried out in the cover strata district and focussed more on training students' investigative skills and recording ability and less on developing their research awareness. This different mapping area has been chosen to enhance research ability on the basement metamorphic rock complex, the Fangshan Compound Intrusion and other aspects. It also introduces some relevant content about new types of land resource investigation.

(1) Investigate the Guandi Complex basement crystalline metamorphic rock complex: its petrologic features, metamorphic grade, the extent and distribution of folding, regional structural setting, time of formation and internal blastomylonite shear zones.

(2) Investigate the petrologic features of the Fangshan Compound Intrusion: the distributional, classification and formation of various enclosures (enclaves, xenoliths, schlieren), different internal igneous rock facies and indications that there are separate intrusive units, the relative sequence formed by different intrusions and veins, and also the contact relationships with the country rocks.

(3) The current research situation in Quaternary geology, engineering geology, environmental geology, agricultural geology, etc. in the northern mapping area.

(4) Carrying out a general reconnaissance in order to prepare for independent mapping and special topic investigation project.

3. Teaching process and arrangements

1) West of Yitiaolong

Point out the extent of the northern mapping area and the outcrop areas of the main geological units. Observe the morphological features of granite hills, their shapes, lithologies, structural features and shape changes. Note the relationship between new and old proluvium fans seen in profile.

2) Around Luanshilong

In this section, observe quartz diorite and granodiorite of the Fangshan Compound Intrusion, the Guandi Complex and partial distribution of cap rock. Note all kinds of contact relationships; especially searching for and researching evidence for the major detachment fault and its associated structures. Distinguish mapping units, confirm mapping methods, design mapping routes and define a research topic.

3) Around Xibozigou

This section is close to the industrial waste water outfall SW of the Niukouyu Reservoir. Observe the water quality and soil quality after purification and influence on vegetation and crops. Systematically collect water and soil samples from Luanshilong around Xibozigou for testing and analysis to investigate further under teachers' guidance. While mapping, mark off any possible polluted area that may exist.

Excursion 17 Shengpingshan→Muyan Temple: Stratigraphy & Structure & Reconnaissance of Western Independent Practical Area

1. Teaching route

Meicangnangou→Shengpingshan→Muyan Temple→Louzishuixi

2. Teaching content and requirements

EW trending structures and N—NNE trending structures intersect in the area from Shengpingshan to Huangyuan and it is also a good section for researching intra-plate orogeny. In order to strengthen the further research of this aspect and make use of modern technology for the work of regional movement we shall open up and extend this area to the west of the Zhoukou River as an independent field practical area (experimental mapping district) in the near future. The major teaching and research contents include:

(1) Observe, compare and contrast the strata in a larger regional framework.

(2) Observe the compound relationship between the E—W trending structures of Indo-Chinese deformation epoch and the N—NNE trending structures of the Yanshan deformation epoch. Understand Yanshan-type intra-plate orogenic effects and regional structural pattern.

(3) Continue general reconnaissance in the new independent practical area (mapping district).

3. Teaching process and arrangements

1) Meicangnangou (north slope of Shengpingshan) →Shengpingshan

(1) Determine the stratigraphic sequence. Observe and research strata outcropping on the north and south slopes of Shengpingshan and contrast with those on the north and south slope of Taipingshan. We know from regional geological data that the Middle to Upper Permian Hongmiaoling Formation strata outcrops on the ridge and northern slope of Shengpingshan. Observe and describe its lithology and lithological assemblages.

(2) Determine and analyze the geological structure. According to the observation from the former excursion, Shanxi Formation, Taiyuan Formation, Benxi Formation and Majiagou Formation outcrop in turn from the south slope of Shengpingshan to Longgushan, which can be completely compared with the south slope of Taipingshan, while the north slope of both seem very different. So does Taipingshan Syncline that we have already identified extend to Shengpingshan? Are the structural style and features of the syncline similar here? Does the sag-and-well syncline hinge that causes changes of plunge, structural style and superposed folds at Taipingshan cause structural changes here too? Or have the strata and structure on both sides been influenced by the rupture in the Zhoukou River Valley? Students should carry out mapping and research their special subject with these questions in mind.

2) 387 Highland NE of Muyan Temple

Go west along the flat-topped ridge of Shengpingshan to this locality. Recognise and observe the scale of the western mapping district, the condition of bed rock outcrop and the general distribution of regional strata along the road. Distinguish mapping units and identify the landform and culture of the survey region and work out access. Measure and record lineations and foliations of different periods and types.

3) Muyan Temple→Louzishuixi

This route is parallel and close to the geological section on the west side of Huangyuandongshanliang, and students should carry out a detailed comparison, observing and describing the lithology and lithological assemblages. They should identify typical geological structural phenomena, paying special attention to the observation, measurement and research of all kinds of lineation and foliation, investigating their structure, and deciding when they are compound or intersect. Make a 1 : 2 000 free hand structural profile of the geology and draw a geological diagram of the excursion route.

Excursion 18 The Huangshandian Thrust-Fold Zone

1. Teaching route

Hengshui Factory→Huangshandian→Chicken Farm

2. Introduction

The strata outcropping along this route may be compared with the route from the SE side of Bajiaozhai to Shuanmazhuang (Excursion 2) . From bottom to top are the Wumishan Formation, Hongshuizhuang Formation, Tieling Formation and Xiamaling Formation but a series of overturned fold structures occur in this section. A reversed thrust fault is developed in the incompetent horizon in the Hongshuizhuang Formation and Xiamaling Formation in the overturned limb. The combination of these two is called a fold-thrust structure. This type of structure with distinctive local features is seen to the west of Huangshandian, Huangyuan Temple, Shangfangshan, Xiayunling and other places in the excursion area.

Both limbs of the Huangshandian overturned fold are exposed and the fold axis is gently inclined to the south. Well-prepared students will recognise the overturned syncline structure with the Xiamaling Formation in the core and Tieling Formation, and Wumishan Formation on the limbs. The Hongshuizhuang Formation is cut out by a fault below the mountain north of the village. Upright and overturned stromatolites in the Wumishan Formation distinguish the upright limb at the foot of the hill and the overturned limb on the crest of the ridge.

3. Teaching content and requirements

(1) Gain greater familiarity with Mesoproterozoic and Neoproterozoic stratigraphy, lithology and assemblages.

(2) Identify and delineate the fold-thrust structure; and observe, research and describe its features and style.

(3) Observe and identify primary sedimentary structures and soft sediment deformation structures. Investigate the distribution structures in different places, find their maximum scale and structural significance.

(4) Make sketches the expression of the structure in the landscape and associated typical geological phenomena, taking photograph by digital camera.

4. Teaching process and arrangements

1) Near Hengshui Factory aqueduct

Thick-bedded dolostone of the Wumishan Formation outcrops in the upright limb of the overturned anticline at this locality. Observe and recognise the upright succession indicated by primary structures: stromatolites, water-escape structures, scour structures, small penecontemporaneous faults, disrupted bedding and other soft sediment deformation structures. Measure, sketch, photograph and describe.

Tips: the integrated pattern of primary structures and the internal mineral grains of the thick-bedded dolostone have an internal orientation that is quite hard to recognize, while secondary tectonic lineation and foliation are relatively undeveloped. These phenoma show that here the rock deformation strength was not great. It can be regarded as a relative consistent incompetent domain on a mapping structural scale.

2) Beigoukou east of Huangshandian Village

Once again we are in the upright limb of the overturned anticline on the hill north of Huangshandian, where thick-bedded dolostone of the Wumishan Formation outcrops. Observe and recognize the upright succession in stromatolite beds.

3) Behind Huangshandian primary school at Nangoukou

(1) Study the view northwards to appreciate the whole picture of the large overturned recumbent fold and the trace of its hinge zone on the hill north of Huangshandian that we have mentioned before. Give students the hint that its hinge zone extends NNE 75°～80° and its axial plane is inclined to the SSE. The reversed thrust fault that accompanies with fold can be traced as far as the 628 Highland north of Huangyuan Temple-Donggou.

(2) Observe the pattern and internal structures of stromatolites in the folded Wumishan Formation. The domed laminated dike-like stromatolites and columnar stromatolites have been deformed and broken because of the influence of the thrust fault which has caused secondary bedding shearing. Some stromatolites may even be overturned and recumbent and several large specimens have been taken to the base as 'geological landscapes' for further observation.

Tips: to compare them with primary sedimentary structure of the first observing place. The section shows the feature of hard deformation belt.

4) Roadway wall west of Huangshandian Village

Along the road west from Huangshandian Village observe outcrops of thin-bedded dolomitic crystalline limestone of the Tieling Formation followed by phyllitic slate of the core Xiamaling Formation in the inverted lower limb of the overturned syncline. Observe, identify, measure, describe, sketch and photograph all kinds of minor structures such as pod-like folds, bedding/cleavage relationships and structural transposition. Assess the structural relationships of these structures with the larger one as you go along.

5) Chicken Farm

There are continuous fine outcrops of bed rock from Sanchalukou west of Huangshandian Village to the army barracks. In the lower limb of the overturned syncline low-limb thin-bedded dolomitic crystalline limestone takes the place of the blastomylonite belt in the Tieling Formation. Look out for typical closed folds, ptygmatic folds, rodding structure, transposed cleaveage and S—C fabrics in the outcrops. It is an ideal place for structural analysis and undertaking small special research projects. We can not see the development of the large scale reversed-thrust fault, so the deformation in this section is caused by bedding parallel shearing.

Excursion 19 Donglingzi→Xiaweidian: Regional Geology

1. Teaching route

Donglingzi→Cijiawu→Dongzhuangzi→Xiaweidian

2. Teaching Content and Requirements

(1) Inspect the geology in the northern part of the Fangshan Compound Intrusion and compare with that in the practical area.

(2) Understand the character of intraplate orogenesis and differences in regional scale.

3. Teaching Process and Arrangements

1) Profile along the highway NE of Donglingzi

Go NE along the highway from Donglingzi observing the following and comparing with relevant geological phenomena in the Zhoukoudian practical area:

(1) Donglingzi quartz diorite intrusions. Observe their lithologic characters and spatial morphology, comparing with rocks in the practical area and analyzing the emplacement mechanism.

Tips: the lithologic characters of this intrusion are similar to those of the melanic quartz diorite around Guandi—Dongshankou and they were intruded at the same time. They are all isolated intrusions outside the main compound intrusion. Late intrusions of granodiorite were emplaced like expanding balloons as pulses of magma upwelled and spread around, breaking through the early quartz diorite border facies of the Fangshan Compound Intrusion, migrating along their periphery to intrude and replace it.

(2) Tectonic gneiss zone. Observe the rock types, lithologic assemblages, relationships of metamorphic grade to deformation and contact relationships. Compare them with those of the relatively homogeneous intrusions in the Zhoukoudian practical area.

Tips: gneisses in the Guandi—Luanshilong—Shandingmiao area at the south side of the Fangshan Compound Intrusion at Zhoukoudian (part of the Archaean Guandi Complex) may be compared with this gneiss zone. The south part of this zone is intruded by quartz diorite, the Donglingzi Intrusion, part of the larger Fangshan Compound Intrusion. The north part has a fault contact with Cambrian to Ordovician strata. You can observe lit-par-lit flow banding on an outcrop scale with discontinuous melanosome and continuous leucosome, felsic augen structure, ribbon structure caused extreme extension of quartz and other features of mylonite. All these S—L tectonites are similar to those in the mylonite of the complex zone in the western ditch at Shandingmiao.

(3) Exhumed fault. Although the presence of an exhumed fault cannot be seen directly, a hiatus effect is clear.

Tips: compare this area with Yangshigou and other similar places in the main practical area. Here the Guandi Complex is in direct contact with Cambrian to Ordovician system, but Mesoproterozoic and Neoproterozoic strata are absent. This shows that the phenomenon of structural flow-lost caused by resurrected fault in the northern side of rock body, is more visible.

2) Dongzhuangzi to Ligezhuang

This is an exploratory route along the Dashi River. Strata include the Neoproterozoic Xiamaling Formation, Longshan Formation and Jingeryu Formation and the Cambrian Fujunshan Formation.

(1) Large sheath fold in Dongzhuangzi Quarry. The sheath fold is marked out by a dolomite band about 40cm thick in limestone of the Fujunshan Formation. Along the cliff parallel to the X-axis of the vertical fold there are 2～3 layers of dolomite containing irregular augen that reveal the fold closure. The north and south cliffs parallel to the Y-axis display a recumbent fold form. If we observe the sheath fold hinge from a distance we can see the total structural picture in three dimensions and appreciate that the fold closes to the east. Despite the strong deformation we can still recognise and measure "leopard spots" in the leopard-skin rock of the Fujunshan Formation (undeformed "leopard spots" have irregular isometric shapes as seen in the Excursion 3 Huangyuan Section at Zhoukoudian) . Here the spots have become long stripes with an irregular elliptical shape distributed in zones indicating an extensional lineation. The lineation trends SE 130° parallel to the sheath fold hinge mentioned above.

(2) Large superposed fold at Ligezhuang. From here we can take a distant view to observe the macroscopic characters of the antiform at the side of the railway south of Ligezhuang. The fold hinge is open and gently curved and the axial surface is upright so that it looks like a simple anticlinal structure. From inside to outside the two limbs are constituted by the Fujunshan Formation, Mantou Formation—Maozhuang Formation, Zhangxia Formation and the Upper Cambrian series. But the core of the fold includes the Longshan Formation and Jingeryu Formation deformed into several convolute folds and recumbent folds on different scales. The early fold axial planes have been folded in a later deformation episode.

In order to improve students' understanding, reduce the scale of observation to the hinge zone of the antiform at Tanmugang Village, where a medium scale recumbent antiform in striped marble of the Jingeryu Formation can be seen clearly on the steep cliff west of the village. Secondary minor folds associated with the antiform reveal a tight "SMZ" pattern.

After observing this point, summarize the main points as follows: first distinguish the generation relationships of the folds; second, determine the characteristic scales and directions of the folds.

3) Stratigraphy at Xiaweidian

(1) Section survey. The profile section is situated in around Mentougou and Xiaweidian. Good outcrops of Cambrian strata are distributed successively along the side of the highway and railway. Compared with strata of the same age at Huangyuan-dongshanliang at Zhoukoudian, the strata of each formation in this profile have no hiatus and their deformation and metamorphism are weak. The lithologies, lithological combinations, lithofacies, thicknesses, primary sedimentary structures and contact relationships of each formation all show areas that resemble strata of the same age in other areas of North China, indicating deposition upon a relatively stable landmass. The Early Cambrian Mantou Formation and the Late Cambrian Huangyuan Formation which cannot be distinguished at Zhoukoudian can be accurately divided into the Mantou Formation, Maozhuang Formation, Gushan Formation, Changshan Formation and Fengshan Formation here.

(2) Teaching Points. ① Observe the contact relationships, lithology and combinational characters layer by layer according to previous research and stratigraphic signs on the profile; ② observe and describe typical geological phenomena such as the characteristic features of irregular mounded bedding, glacial ploughing structure and edgewise limestone, sketching and taking photos; ③ determine and memorise the stratigraphic thickness of each formation for future reference; ④ analyze the sedimentary environment.

The main summary points are: by comparison with Zhoukoudian, recognise stratigraphic features of stable regions and active regions reflected in sedimentation and appreciate that the active nature of the sequence at Zhoukoudian is the result of intraplate orogenesis.

Excursion 20　Gushankou→Shidu: Geological Tour

1. Teaching route

Gushankou→Sancha Village→Shidu

2. Teaching Content and Requirements

(1) Understand regional geology from Sancha Village to Shidu west of Zhoukoudian and comparing it with the praclical area.

(2) Understand the character of intraplate orogeny and the variations of regional geologic structure.

(3) Analyze the geological background to the rocks of the Shidu Canyon, and evaluate its tourist resources.

3. Teaching Process and Arrangements

1) Cliffs on either side of Gushankou railway station

Excursion 20 is an independent new teaching route. The metamorphism and deformation are complex, but may be compared with Zhoukoudian following the observational points described at localities below.

2) Gushankou to Sancha Village

Our route goes roughly along the compound anticline axis from east to west. The strata in the core and on the two limbs of the complex anticline belong to the Wumishan Formation. The axial trend is about 60°, and the hinge is near Gushankou. The complex folds observed in Excursion 10 are actually on the north limb of this anticline near the hinge, which can be traced westward through Xiazhongyuan and watershed in Sancha Village (in the area near 488 Highland). The anticline hinge of can be observed along its whole length because of excellent outcrop, despite complexities caused by secondary folding. As it is traced west to Sancha Village, the style of the anticline gradually becomes opens and gentle. West of Sancha Village the anticline dies out, becoming a low-angle flexure that cannot be distinguish from its neighbours.

Students are required to make cross section drawings of the anticlinal structure at Gushankou railway station, 488 Highland, Sancha Village and elsewhere to compile into a longitudinal structural profile. They should strengthen their knowledge of the changeable style of the complex anticline in its hinge zone as an exercise in regional analysis and understanding large-scale structure.

3) Sancha Village to Shidu

The route still lies in the Wumishan Formation. Most strata are horizontal or have low monoclinal dips, occasionally developing into the open and gentle discontinuous folds.

4) Shidu Canyon

Shidu is famous for ten fords across the zigzag Juma River on the road from Gujixishan to Beijing through the canyon. The strata in the canyon walls are dolomite of the Wumishan Formation. Dolomitization of the limestone was probably penecontemporaneous and it has developed a karst landscape of forested peaks that is rare near Beijing and indeed throughout the Huabei region. In the canyon, strange peaks stand above streams of clear flowing water. It is therefore often called "The Northern Grand Canyon" or "Small Guilin of the North". It has developed as a tourist region and base for shooting film and television programmes recently.

The route goes northwards from the mouth through the canyon. Teachers should introduce the following:

(1) Yidu. Here the Juma River debouches into the Huabei Plain. Observe and identify the river terraces. Admire the view of the mountain morphology in the Sanhuangshan landscape region consisting of horizontal rock formations. Make landscape sketches and take photos. Observe well-developed large undeformed stromatolites at the side of the road.

(2) Sandu. This section of river bed slopes gently and the flow is slow. Teachers should lead students to observe that the strata are nearly horizontal, parallel with the surface of the water, so that students get a deeper understanding of the concept of a horizontal stra-

tum. Observe numerous stylolites, interlayer tension joints, the "plat du chocolat" or chocolate-block boudin structures and diapiric folds; sketch and photograph. Observe the regional joint pattern, measure directions and record the strata that contain joints. The regional dip of strata is SE (100°∠5°) and two sets of regional joints run NW (320°∠83°) and SE (120°∠85°). Explain the angular bend in the Juma River for this knowledge of the geological background.

(3) Liudu. There is a lamprophyre dyke trending NE causing a secondary canyon after weathering and degradation. It reveals a tourist landscape called "A String Sky".

(4) Qidu. Broad smooth small-scale shaped folds with short axes are developed here (Fig. 3. 19), consisting of two anticlines and a syncline. The fold axes are close to the regional east-west trend. The regional dip is near horizontal on both sides of the canyon to north and south. In such a region of horizontal strata, appearance of folds is a sign of strain localization. Observe the discontinuous folds and record their changeable styles.

Fig. 3. 19 The anticline structure in Qidu (Shot by Zhao Junming in 2008)

(5) Badu. Observe the flat structure and ramp formed by local strain intensification. Sketch and photograph them.

(6) Shidu. Visit a patriotic Educational Base Site conferred by the National Civil Administration: Pingxi Revolutionary Martyrs' Cemetery that has been used as a base for moral education by China University of Geosciences (Wuhan). The martyrs fought in the resistance against the Japanese invasion.

4. Thinking and discussion

(1) From our main field practical area near Zhoukoudian where metamorphism and deformation of the stratigraphic sequence is obvious, through a transitional area of Shancha Village to this area at Shidu that has not undergone metamorphism and only a little deformation or little deformation, what geological features reflect this change from strong to weak?

Remembering that the area north of Xiaweidian also has weak metamorphism and deformation, comprehensively analyze the geotectonic characteristics of the entire field practical area. Draw conclusions about the charactersitic features of intraplate orogeny.

(2) Analyze factors that control the geological structure of the Shidu Canyon district.

(3) Comprehensively analyze and appraise the geotourism and natural and human landscape tourist potential in Zhoukoudian and its district and make reasonable suggestions about development and layout.

5. Teaching hints

(1) Widespread regional geological investigations up till now have shown that over a radius of 15km from the centre of the Fangshan Compound Intrusion magmatic activity, metamorphism and deformation have all exerted a strong influence. By contrast the eastern and southern part of our area is the Front-Mountain Plain district where the analysis of seismic data demonstrates that our field area belongs to an intraplate orogenic zone and the mechanisms of this kind of orogeny need much more research.

(2) The geological history of the Shidu Canyon can be summarized as follows: first, the deposition of a thick sequence of carbonate sediments; second, the horizontal strata were fractured by two sets of approximately vertical regional joints (lamprophyre dykes were intruded along these joints or parallel faults); third, the Earth's crust was rapidly uplifted and eroded.

Excursion 21 Changliushui→Shangsiling: Mountain Geology Field Training and Regional Geology

1. Teaching route

Huangshandian→Changliushui→Shangsiling

2. Teaching content and requirements

(1) Climb Shangsiling (1307m) the highest peak in the field area for training ability to undertake geological study under arduous conditions, cooperate as a team and conduct oneself safely and sensibly.

(2) To get a bird's-eye view of the topography and land forms in the field practical area.

(3) To view and appreciate the large-scale structure of the superposed syncline and the lithostratigraphic units in its core.

(4) Make sketches and photographs of typical geological phenomena, and collect rock specimens from the highest peak.

3. Teaching organization, process and arrangements

(1) This route should be arranged towards the end of the practical teaching. It should be led by teachers with previous climbing experience who should select a small party of physically fit students. Teachers must decide in advance who among them will be responsible for each aspect of the expedition: selecting the route, locating camp; climbing; and selecting and instructing trainees. After selecting students, teachers should prepare them beforehand at the base by explaining and where necessary demonstrating principles of route finding, field survival, walking and load carrying. They should introduce rock-climbing and the use of rope, harness and belays. They should also explain and demonstrate how to select a campsite, set up camp and allocate tasks such as cooking and cleaning. Throughout the introduction, it is essential for teachers to keep emphasising risk avoidance and safe practice. Teachers and trainees should agree which person will act as leader for the climbing camp, the mountaineering team, and for logistics, medical matters, medical supplies and equipment, preparing the vehicle, climbing, food, drink and so on. It must be absolutely clear to all in the group who is overall expedition leader. That person must ensure firm discipline, and be responsible for keeping all the group members working as a united and effective team.

(2) Select a fine day to climb the mountain, when the summit is clear of cloud. All the climbers should return to the camp at Changliushui village at 3:00 pm in the afternoon, whether or not they succeed in climbing the peak. They must leave a written description of their route behind at the camp, including their time of departure, the number of people in the group and their intended time of return. All members of the climbing group must carry mobile phones if they have them, and make sure that the batteries are fully charged. The party must carry at least one GPS receiver, or preferably each echelon should carry one.

(3) The climbers should form walking and climbing echelons of 3 or 4 persons, whose leaders and instructors have been selected by the teachers.

(4) All members should start by bus for the camp base at 6:00 am. The camp leader should set out in the first echelon, and the other echelons follow in an agreed order. If an echelon member cannot complete the climb due to fatigue or other cause (e. g. illness) the echelon leader will tell him or her to return to the camp to rest. The echelon leader will personally hand the tired person over to the camp leader under a set procedure.

(5) Climbers have no time to linger on the top of the peak, they must have enough time to return according to the previously agreed plan and arrangements. When every teaching task and refreshment is finished, teachers must check the number of people in the group, make sure each echelon sets out on the return journey and gets back on time. Accidents are most frequent on the descent, the Leader must be the last person down the mountain.

(6) This teaching activity should be flexible. Do not force teachers and students to participate if they do not feel up to it. Allow teachers to join a climbing party as an ordinary

member (like a student) if they are not confident of their climbing ability. The teaching activities may have to be cancelled for any of the following reasons: ① permission has been refused by the University, National Climbing Association or related departments; ② bad weather (excessive heat, clouds and/or fog, rain, high winds); ③ not completing the preparations described above.

Chapter 4 Independent Practice (Mapping Projects)

Independent practice (geological mapping) is a very important teaching procedure. To accomplish this practical task including reconnaissance before mapping, area assignment and work planning, we should put set out the relevant teaching requirements and also briefly introduce the geological setting of each independent practical (mapping) area. Each mapping area has different geological problems and points that need to be emphasized and thus to maintain teaching quality while considering the time and rate of progress, it is best for students to continue to work in the groups previously assigned and to choose two areas for each group to carry out comprehensive training. Suitable areas for this work are listed below.

Topic 1 Eastern independent practical area

This area lies in parts of Fangshanxi and Shandingmiao surrounding the Niukouyu Reservoir. The strata in the area includes the Archaean Guandi Complex and sedimentary rocks of the Mesoproterozoic Erathem, Neoproterozoic Erathem and Lower Paleozoic Erathem. Intrusive bodies include a bulb shaped intrusion and part of the Fangshan Compund Intrusion. The major geological structures are fractures; mainly strike faults that give rise to stratigraphic contact interfaces. Students should also study environmental and engineering geology surrounding the Niukouyu Reservoir (for example reservoir leakage and its implications), the seismicity of the active Fangshanxi fault and the problems it might present at an important site of waste water drainage, and similar important geological issues.

In order to carry on independent mapping in this district, you need to take a bus out and back. Niukouyu and Shandingmiao both have highways which can be used to set down and collect field parties. The teaching requirements include training in conventional geological method such as the use of paper field slips, magnetic compass and notebook, also GPS, portable computer, digital camera, and portable analytical instruments to collect and record geological data, i. e. training in modern technology. One important basic geological problem that needs to be investigated is fracture structure, including recognition, spatial distribution, character (normal fault, reversed fault, brittle fault) and timing of displacement. Others are the influences of active faults on engineering geology (e. g. Niukouyu Reservoir dam leakage) and seismic geology (there is seismic monitoring station set up near the fault of Fangshanxi to collect related information and materials). To carry out field research properly in this area it is essential to systemically collect soil samples and water samples near Niukouyu Reservoir and its vicinity using portable instruments to carry out tests. Students need to measure the purification liquid industrial waste, find out whether it has any effect on the surrounding environment after discharge and leakage, and give a relevant evaluation.

Topic 2 Central and eastern independent practical area

This area is located on the northward slope of Taipingshan between Niukouyu Reservoir and Nanluoao. The outcropping strata range from the Lower Palaeozoic Majiagou Formation to the Upper Palaeozoic Yangjiatun Formation. All kinds of rock display contact metamorphism superimposed on regional metamorphism. The main structures are folds, including the well-known Taipingshan Syncline and 164 Anticline; but there are also small scale transverse faults and oblique faults on the north slope. The area also yields ecomic earth resources: limestone from the Majiagou Formation, andcoal from seams in the Taiyuan Formátion and Shanxi Formation. There are also geological hazards such as landslides caused by mineral exploitation and environmental pollution caused by burning cement and lime.

Independent mapping can be conducted in this area by walking to and from the base. Teaching requirements include traditional training in conventional geological investigation and introduction to new technology as in the eastern independent practical area. One basic geological problem is to explain the differences of Upper Paleozoic strata between the northern and southern slopes of Taipingshan. Are they caused by facies changes or by structural effects? What controls the parallel unconformity interface between the Majiagou Formation and Benxi Formation, which is different on the southern and northern slopes? The focus is to investigate different generations of fold structures in more detail. Identify and explain tight intraformational folds of the tent directions of hern slopes? early Indo-Chinese epoch (or a Pre Indo-Chinese epoch), discover a causal mechanism for rootless folds, determine their characteristics and superimposed relationships with post-fold structures. Discover the causal mechanisms of the Indo-Chinese Taipingshan Syncline and 164 Anticline and many associated structural features and combinational patterns. Investigate near north-south trending folds at Luobuding, Ermugang, Meikuanggou and elsewhere. Are they Indo-Chinese folds with culminations and depressions of their hinge lines or are they caused by other mechanisms such as Yanshan Period superimposed folding?

In addition, has excessive exploitation by small coal mines and limestone quarries in this area led to disruption of vegetation and landslides? What suggestions can be made for sustainable use of resources, and to deal with problems such as geological hazards and degradation of the environment caused by burning lime and producing cement in this mapping area? Students should explore all these questions under teachers' guidance.

To make full use of the independent mapping work, teachers should emphasize the requirement to collect every kind of data and prepare large-scale maps and diagrams of the data, using the full scope of facilities available, including computer software program and "multi-S" technology and students should completely and systemically master the use of modern geological technology and methods. The aim should be to give comprehensive reasonable explanations of basic geological problems including the relationships between the three areas above (eastern, east-central and central), using the concept of intraplate orogeny to discuss the differences between them.

Chapter 5 Review of Classic Geological Sites and Teaching Requirements of Small Special Research

The study activities presented in this guide are not restricted by practical principles. They aim to widen students' knowledge, develop their interest in field practice, cultivate consciousness of scientific research and geological ways of thinking, and enhance their innovational ability. Students should be given support and encouragement in the practice of field geology so that they can generate ideas for further research and exploration as their interests in geological phenomena develop. But they must act in accordance with principles they have learned and conduct their investigations with the intention of completing the excursion route teaching stage, half-independent field practical stage (i. e. excursion reporting and assessment), independent field practical (mapping) stage and all other teaching assignments. They should also keep in mind the four basics: basic teaching order, basic teaching content, basic teaching criteria, basic assessment standards.

To undertake this teaching activity, you must first select a research topic and ask for relevant information from your teachers about the current situation of your subject, previous research and publications (if available) . Under your teachers' instruction you should devise a research plan and procedure. The topic should be realistic and not too involved or difficult. Each research topic requires at least three students and field research and collecting will usually be arranged in the middle or near the end of your field work, preferably during 2 to 3 days of your independent field mapping. You can incorporate your research results into your practical report and they will contribute to your scores for innovation. The following paragraphs suggest possible research topics for your guidance but of course you can also choose your own new research topic new and field area.

Topic 1 Unconformable contact relations

1. Location

Meitangou

2. Introduction to the geology

This is the demarcation point between the Majiagou and Benxi Formations. Though there is a stratigraphic hiatus between the two formations, the bedding and lithology of the upper and lower strata are the same and therefore the relationship between the two formations is a parallel unconformity. The unconformable interface is clearly exposed and has an ancient weathering crust.

3. Key points to observe and research

(1) Measure the unconformity interface and compare and contrast the strata above and below.

(2) Observe and analyze the components of the ancient weathering crust and measure its thickness. Collect the samples and analyze them if possible.

(3) Observe and investigate whether you can find phenomena associated with a structural slide on the unconformable interface.

(4) As well as Meitangou, the same unconformable contact relationship can also be found in the two limbs of the 164 Anticline on the southern slope of the Taipingshan, 162.9 Highland and Big-Conglomerate Hill and Small-Conglomerate Hill on the northern slope of Taipingshan. Make a comparative study of the appearance, lithology and fossil assemblages of the upper and lower strata, concentrating particularly on the polymictic conglomerate at the bottom of the Benxi Formation, informally called the "Excellent Conglomerate" . It is present and quite thick above the unconformable interface on the northern slope of the Taipingshan, but it hasn't been found at the southern slope. Is the hiatus caused by a facies change in strata or by faulting? This key point of research is still undecided.

(5) Find out relevant facts about the regional distribution of rocks, the structural geological background of the area, the nature and the timing and names of crustal movements that may be relevant to this disconformable interface surface. Discover and analyze the significance of the structure from the scientific literature.

4. Teaching hints

There are three obvious regional unconformable interfaces altogether in the cover strata of the Zhoukoudian area including the parallel unconformable interface we are studying and all are classic examples. The other two are located between the Jingeryu Formation and Fujunshan Formation in the Huangyuan area and between the Xiamaling Formation and Tieling Formation in the Bajiaozhai area respectively. Except Meitangou, another two regions can also be studied and used for teaching, either for comparison or in their own right.

Topic 2 The upper conglomerate of the Majiagou Formation

1. Location

The hinge zone of the 164 Anticline on the east wall at the mouth of the Meitangoukou

2. Introduction to the geology

On the north side of the 162.9 Highland there is an intermittent layer of breccia at the contact between the Majiagou Formation and the Benxi Formation, in the uppermost part of the Majiagou Formation. Lens shaped, ellipsoidal and pancake shaped clasts appear in the breccia. Their maximum long axes are up to 5cm. Preliminary observation suggests that the direction of the long axes is the same as the hinge of the 164 Anticline.

3. Main points for observation and research

(1) Trace and observe regions of distribution of the Majiagou Formation along strike. The investigatory area should not be too large and could be limited to the southern and northern slope of the Taipingshan, in consideration of time and ease of access. Find whether the same kinds of gravel always occur at the same stratigraphic level, and decide whether this kind of geological phenomenon is a universal feature.

(2) Decide whether the gravels are contemporaneous breccia, karst breccia or structural breccia by studying compositions and shapes of clasts, and the stratum's position, mode of arrangement and occurrence.

(3) If it is a structural breccia, measure the strain in the gravel clasts and analyze the mode of deformation, judging whether it is related to an exhumed fault or to interlayer-gliding during folding of the 164 Anticline.

Topic 3 Storm deposits in the Upper Cambrian series at Xiaweidian

1. Location

Beside the railway at Xiaweidian

2. Introduction to the geology

Compared with the contemporary time stratum in the Huangyuan stratigraphic section of the Zhoukoudian field practical area (the Huangyuan Formation), the Upper Cambrian series at Xiaweidian shows features reflecting deposition in a stable sedimentary environment,

e. g. in lithology and small fluctuation in thickness, and is suitable for regional comparisons. The Gushan Formation, Changshan Formation and Fengshan Formation of the Upper Cambrian series can be distignuished in this section. One important characteristic is the development of edgewise limestone in each formation. It is grey in colour and with monolayer thicknesses between 15cm and 60cm, containing about 70% of edgewise rudite whose fragments range in size between 1. 5cm×0. 3cm and 10cm×1. 2cm. The usual composition of the edgewise rudite is muddy limestone with a little oolitic limestone. Preliminary observation reveals that the edgewise rudite includes parallel, imbricate shape and chrysanthemum shaped clasts.

3. Main points of observation and research

(1) Observe and identify the three patterns of the arrangement of clasts in the edgewise rudite. Describe, sketch and photograph their shapes and features.

(2) Analyze the types of transportation and flow intensity indicated by different arrangements of edgewise rudite.

(3) To improve understanding of the features of storm deposits, analyze the depositional environment of every formation (Gushan Formation, Changshan Formation and Fengshan Formation) by researching the structural morphology, exarate structure, hummock ripple mark, etc. in chrysanthemum shaped edgewise limestone.

Topic 4　Primary sedimentary structures and soft deposit deformation structures at Hengshui Factory

1. Location

Beside the penstock at Hengshui Factory

2. Introduction to the geology

A thick-bedded dolostone found in the Wumishan Formation in the Hengshui Factory area has slight deformation although its mineral orientation is unclear. There are well developed water-escape structures, scour structures, disturbed bedding and small-scale synsedimentary faults visible in the cliff at the side of the Hengshui Factory penstock. Raised algal stromatolites and related structures have also been found near this region. All these secondary structures and primary sedimentary structures are restricted to the part of the succession in the Wumishan Formation.

3. Main points for observation and research

(1) Revise the different varieties of primary sedimentary structures and sediment deformation structures.

(2) Observe, measure, describe, sketch and photograph different modes of occurrence and morphological features separately.

(3) Compare your observations with similar kinds of geological phenomena that you saw on the geological excursions, e. g. deformed algal stromatolites in the Wumishan Formation in the Huangshandian area. Get a better understanding of the horizon where such structures develop, the extent of deformation and differences between primary sedimentary structures and deposit deformation structures.

(4) Understand the inhomogeneity of structural deformation across the region and build up a rudimentary conception of strong strain zones and weak strain areas.

Topic 5 Fossil collection in the Niukouyu area

1. Location

The ditch of the Shandingmiao→Niukouyu Reservoir management office→Fangshanxi

2. Introduction to the geology

In this region, the main part of the Middle and Upper Cambrian series is oolitic limestone and argillaceous banded limestone with interbedded thin-bedded metamorphic siltstone. The fossils *Blackwelderia* sp. in argillaceous banded limestone, and *Pthchaspis* sp., *Obolu* sp. and *Lingulella* sp. in argillaceous siltstone at the east side of the Ninkouyu Reservoir show that fossiliferous horizons include the whole Upper Cambrian series. The continuity of the strata is broken by faults so it is difficult to compare with the well-developed stratigraphic sections of the same period at Huangyuan and Xiaweidian using lithology alone and stratigraphic boundaries between formations are hard to conform. If the above problems could be solved by fossil collection and further identifications, it would be hugely significant.

3. Main fossil collection research points

(1) The structure is strongly deformed with a tectonic cleavage and broken beds. Researchers should avoid broken zones when collecting fossils and should observe layer-splitting relations carefully.

(2) Pack collected fossils well whether they are complete individuals or fragments, and record and register them as instructed.

(3) Conduct further restoration and identification of the fossil specimens back at base.

(4) Try to distinguish the Middle and Upper Cambrian series in the Niukouyu area and determine the boundary line between each formation using fossil data.

4. Teaching hints

There are lots of animal and plant fossils in the Carboniferous to Permian strata on the southern and northern slopes of Taipingshan in the Zhoukoudian field practical area. There are also several kinds of fossils in the cover rock series of other areas. During the early years of the Zhoukoudian Base fossil collection, identification, preservation and exhibition did not receive sufficient attention, so it is now very important to strengthen research on these aspects.

Topic 6 Determining the sequence of magmatic activity

1. Location

The 101. 8 *Highland and its vicinity west of Guandi Village*

2. Introduction to the geology

Observe and interpret intersection and intercalation relationships of country rocks, intrusions and veins. The lithologies visible on medium sized outcrops include granodiorite, quartz diorite, pegmatite and granite-aplite veins. Based on intersection and intercalation relationships, previous researchers have reached different opinions about the order of magmatic activity, which might have occurred three times or four times. Detailed research providing a precise division of ages of activity would obviously lead to a better understanding of multiple intrusion of the Fangshan Compound Intrusion and the sequence of magmatic activity in the whole Zhoukoudian field practical.

3. Main points of observation and research

(1) Observe and describe every kind of lithology and give rocks their correct names.

(2) Observe primary lineations, foliations and the intersection relations of magmatic contacts; the occurrence, location and characters of chilled borders; and details of lithological, colour and grain size changes. Identify and record the nature of any enclosures (enclaves and xenoliths), their host rocks and geological significance.

(3) Expand the scope of the area to explore the vixcinity of the 101. 8 Highland. Observe the distribution and mutual relations of different rock bodies and veins on a macroscopic scale.

(4) Measure the contact interfaces of different rock bodies and veins and related occurrences of primary lineation and foliation.

(5) Collect representative samples of all the different kinds of rocks and identify and analyze them back at base.

(6) Sketch and photograph outcrops and make accurate large scale geological plans to illustrate intersection relations.

(7) Make a comprehensive analysis, combining published data about the Fangshan Compound Intrusion, relevant data obtained from the excursion routes on the intrusive igne-

ous rocks (such as the 127.2 Plateau) and the data you have obtained in this research. Finally determine the ages and orders of the every magmatic episode in this region.

Topic 7 Deformed rock veins

1. Location

The north wall of Gezi Cave stone quarry

2. Introduction to the geology

Lamprophyre veins parallel to bedding in limestone of the Majiagou Formation have been deformed to discontinuous lenses and boudins.

3. Main points for observation and research

(1) Collect samples of vein rock and identify them under the microscope. Observe and name microscopic deformation features.

(2) Measure the width of the veins, observe and describe the morphology of vein rock lenses and boudins, sketch and photograph. Measure and record parameters of boudins and wedging fold hinges that are relevant to boudinage.

(3) Study early injection palaeosome and post deformation veins carefully and decide whether they are related to the EW trending main-period fold structure or the NNE trending superimposed fold, referring to the above data. Refer to published regional data and correlate with the intrusion history of the Fangshan Compound Intrusion and relevant vein rocks, initially analyzing their formative time.

(4) Compare the characteristics of the deformed vein rocks in the detachment fault zone that were observed in Excursion XX with those you studied during your independent mapping. Try to decide whether they are products at the same period.

Topic 8 Enclosures in the Fangshan Compound Intrusion

1. Location

Leigushan and vicinity

2. Introduction to the geology

There are many mafic enclosures (Fig. 5.1) in different sections of the Fangshan Compound Intrusion. Previous workers have called such enclosures xenoliths, schlieren and enclaves but the commonest English term is "inclusion" which should however be reserved for inclusions in single crystals, and not used for these structures (Mason, 1996). In this section, the general term we shall use will be enclosure, magmatic enclosures will be called enclaves, and contact metamorphosed country rock enclosures xenoliths.

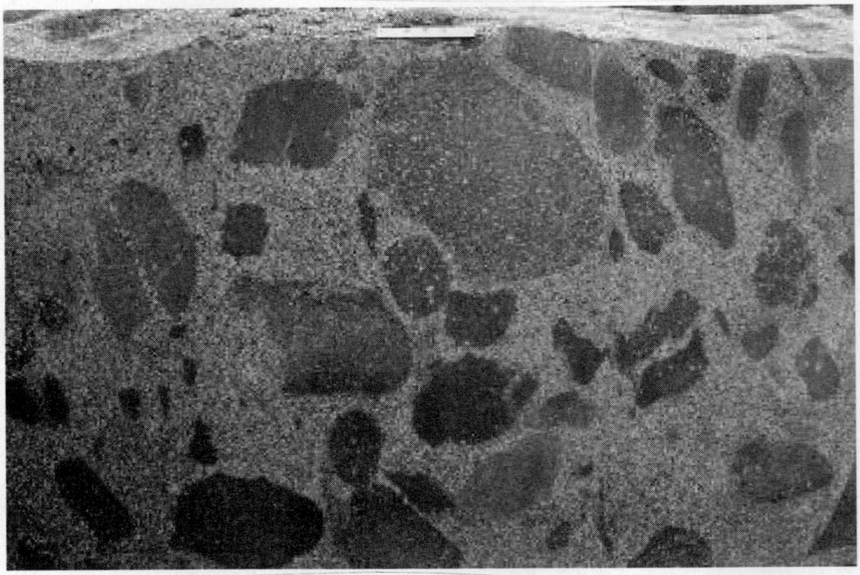

Fig. 5. 1　Enclosures of the Fangshan Compound Intrusion (Shot by Zhao Junming in 2008)

3. Main points of research

(1) Choose several well medium-scale rock faces to count, measure and record the shape, scale and occurrence of all types of enclosures. Sketch and photograph typical examples.

(2) Systematically collect representative specimens of enclaves and xenoliths, and make a careful examination of their morphology, mineralogy and lithochemical features.

(3) Using the results of this work, plan several traverses of the Fangshan Compound Intrusion to cross representative intrusion facies zones. Observe the features and distributive rules for each type of enclosure.

(4) Determine the mode of formation of the enclosures in each facies zone of the multiple intrusion and discover what they tell us about the rock body emplacement mechanism.

Topic 9 Statistical survey of joints

1. Location

164 *Highland*, *first collection area* (*Excursion* 8, *locality*: *the south slope of Taipingshan*)

2. Introduction to the geology

Many formations have well developed joints in different parts of the 164 Highland collection area. Many are related to the near EW trend of the 164 Anticline, and some of them are possibly connected with the NNE trending superimposed fold.

3. Main points for observation and research

(1) Choose a typical outcrop and use the intersecting relationship of joints to make a preliminary division into sets by stages.

(2) Choose a section of the outcrop to conduct a systematic count and measurements.

(3) Sort and summarize the results by preparing rose diagrams of joint directions and/or joint direction density diagrams on equal-area stereographic projections. Count, simulate, draw and analyze the relationships of joint directions to stress conditions during their time of formation, and relate them to large-scale structures using computer software systems.

Topic 10 Torch shaped joints

1. Location

Slope of 164 *Highland*

2. Introduction to the geology

This structural phenomenon is well developed on the southern limb of the 164 Anticline (137 Highland) and also on the northern limb (the second and the third collection area). Previous students had different opinions about the cause of formation. The distinctive joints are almost filled with calcite or other vein materials which make them remarkably prominent features.

3. Main points for observation and research

(1) Choosing a typical outcrop to observe the features of torch-shaped (Fig. 5. 2) and cordillera-shaped joints; sketch and photograph.

(2) Observe single isolated veins and measure their occurrence. Observe the angles of

Fig. 5. 2 Torch-shaped joints (Shot by Zhao Junming in 2008)

convergence of pairs of veins and decide whether or not they are conjugate.

(3) Measure and count vein occurrence and frequency, use the stereographic method to obtain the trend and plunge of intersection lines, and determine the structural significance of the intersection lines.

(4) Discover the causal mechanism and decide which large-scale structure is related to it.

4. Teaching hints

Typical torch-shaped joint traces are developed in Gushankou, Huangyuan, Huangshandian, adjacent to Cijiawu and elsewhere. Students can analyze and research them either along excursion Route XX or the regional geological observational route.

Topic 11 Tight small-scale interlayer folds

1. Location

Slopes of 164 *Highland*

2. Introduction to the geology

Tight small-scale interlayer folds are developed in limestones of the Majiagou Formation limestone on the two limbs of the 164 Anticline. They can be seen from hand specimen to outcrop scale. They are also found in strata of the Gezi cave division of the Majiagou Formation, the Sanbuguangou division of the Majiagou Formation, Shandingmiao Formation, the Middle and Upper Cambrian series, Tieling Formation in Luanshilong and in the Bajiaozhai-Shuanmazhuang Bridge Section and Huangyuan-dongshanliang Section. Teachers can therefore select several sites near Zhoukoudian.

3. Main points for observation and research

(1) Observe and investigate the morphology and position of the folds, especially the shape of the hinge zone. Describe, sketch and photograph the two limbs that can be flattened, prolonged or reformed.

(2) Systematically record the locations of folds and measure relevant lineations and foliations. Observe the relations between these structural elements and primitive joints.

(3) Using the data collected by students themselves and the their predecessors' research results, investigate the cause of this type of structure and the relative age of deformation.

Topic 12 Small-scale structures on the 137 Highland

1. Location

The 137 *Highland*

2. Brief introduction of geology

The strata in this area belong to the Majiagou Formation on the south limb of the 164 Anticline. Small-scale structures in this small region include tight interlayer folds, small-scale bedding shear zones, joints, cleavage, boudins and wedging folds. The whole of individual small-scale structures are usually visible and provide abundant meterial for observation and research.

3. Main points for research

(1) Correctly describe and identify various kinds of small-scale structures.

(2) Investigate their occurrence and morphological features. Identify foliations and lineations associated with each small-scale structure and systematically measure them.

(3) From these observations of various small-scale structures determine the sequence of structural events and coordinate them. Analyze and interpret the relations between them and large-scale structures.

Topic 13　The Yitiaolong fracture zone

1. Location

Beside the railway line NW of Yitiaolong

2. Introduction to the geology

The fault zone is several meters wide, extending from this point to a place near Shandingmiao. It is one of the subsidiary fractures of a major arcuate fracture zone in the region. The northeastern wall of the fault is the Tieling Formation, the southwestern wall of the fault is the Xiamaling Formation. There is a very well developed intra-fault fracture zone displaying the whole range of characteristic structures. This fracture zone is intruded by diorite porphyry and the veins have been intensely deformed.

3. Main points for observation and research

(1) Determine how much of the stratigraphic sequence is lost in the fault zone. From regional data, analyze the extent and nature of early fault activity.

(2) Measure the width of the fracture zone and examine the surfaces of the fault and the strata on each wall. Previous research indicates that the early activity was a low-angle detachment fault. Try to analyze the reason why the fracture surface is steep now and its structural significance.

(3) Collect structural specimens to identify and classify.

(4) Collect samples of vein rock from the fracture zone, identify them, and observe and explain their deformation features. What was the state of fracturing when the vein rock penetrated the fracture zone? Late in the veining period, the vein rock underwent intense compression that gave rise to schistosity, which further intensified to become cataclastic lithification. What are the relations between this process and episodes of medium and large-scale movement of the fault?

(5) On the basis of analyzing the times of the fracture activity and the transition of the fracture character at this point, make a further explanation for the evolution of the arcuate fracture zone from Yitiaolong to Luotuoshan to Shandingmiao to Fangshanxi.

Topic 14 NW trending fracture zone at Xiangyuanshan

1. Location

Zhoujiapo, Xiangyuanshan, Shandingmiao

2. Introduction to the geology

The geological structure of this region is complex. Previous published research and student research projects indicated that it might represent a crossing point of arcuate fracture zones and several strike fractures do indeed converge here. Recent research has suggested that there may also be a transverse fault accompanied by mineral veins trending NW.

3. Main points for observation and research

(1) Map out the occurrence, scale, nature, and regional pattern of the NW trending fractures and their relations with strike faults.

(2) Find out the occurrence and mineral content of the NW trending veins, and their relations with the fractures.

(3) Make large-scale maps of representative areas to illustrate the pattern of fractures, the penetration of veins and related geological events. Analyze the difference between the fracture structure to the west (Yitiaolong to Yangshigou) and east (the section at Fangshanxi) of the arcuate fracture zone. Draw conclusions about the mode of formation of the arcuate fractures.

Topic 15 Rock strain measurement

1. Location

Sanbuguangou, Big-Conglomerate Hill, Small-Conglomerate Hill, and north side of the 162.9 *Highland*

2. Introduction to the geology

Deformed oolite occurs in the Middle and Upper Conglomerate limestone at the mouth of Sanbuguangou and its vicinity, and deformed clasts in complex conglomerate at the bottom of the Benxi Formation of Big-Conglomerate Hill and Small-Conglomerate Hill. Pressure shadow structure occurs in slate of the Benxi Formation on the 162.9 Highland. These and other strain markers that students may discover provide excellent material for strain measurement and analysis.

3. Main points for observation and research

Teachers will need to introduce the strain markers carefully to students, pointing out each type on the first occasion and making sure that the deformation features and strain parameters are clear. Students should then go through the steps of counting, illustrating, measuring and analyzing statistically significant sets of markers, discuss their results with the teachers and provide interpretations.

Topic 16 Mineralization phenomena at Shandingmiao

1. Location

East and west of Shandingmiaogou and vicinity

2. Introduction to the geology

This section, especially the ditch west of Shandingmiao, displays not only the basal Guandi Complex, but also many fragments of the cover stratigraphic sequence. There are veins of many types and trends, magmatic rocks belonging to the Fangshan Compound Intrusion, folds and faults in a complicated pattern. There is a big variety of lithification processes such as epidotization, mylonitization, cataclasis and metamorphic differentiation. Recent student research projects have discovered metalliferous mineralization (e. g. specularite, limonite) in many places. This provides a significant research topic focussing on non metallic minerals.

3. Main points for observation and research

(1) Examine the types and features of mineral occurences in detail, and infer rules of mineralization if possible. Collect related data and make careful records of each occurrence, sketch and photograph.

(2) Systematically collect ore samples and representative samples of wall rock related to mineralization. Test and analyze them back to the base.

(3) Make a comprehensive analysis of the geological background to mineralization from your observations, previous student reported and published literature and discussed their geological significance.

主要参考文献

赵温霞．周口店地质及野外地质工作方法与高新技术应用［M］．武汉：中国地质大学出版社，2003
安静中，濮长萱．江山作证［M］．武汉：中国地质大学出版社，1994
鲍亦冈等．论北京地区燕山运动［J］．地质学报，1983，57（2）：195～204
蔡孟裔，毛赞猷，田德森．新编地图学教程［M］．北京：高等教育出版社，2000
曹伯勋，田明中等．北京周口店新发现的洞穴堆积物研究［M］．武汉：中国地质大学出版社，1994
车自成，刘良，罗金海．中国及其邻区区域大地构造学［M］．北京：科学出版社，2002
程捷，田明中等．周口店新发现的第四纪哺乳动物群及其环境变迁研究［M］．武汉：中国地质大学出版社，1996
程裕淇．变质岩的一些基本问题和工作方法［M］．北京：中国工业出版社，1984
地质矿产部地质辞典办公室．地质辞典（一）：普通地质、构造地质分册·下册（构造地质、地质力学）［M］．北京：地质出版社，1983
地质矿产部区域地质司．火山岩地区区域地质调查方法指南［M］．北京：地质出版社，1987
杜远生，童金南．古生物地史学概论［M］．武汉：中国地质大学出版社，1998
房立民等．变质岩区 1∶50 000 区域地质填图方法指南［M］．武汉：中国地质大学出版社，1991
傅昭仁，蔡学林．变质岩区构造地质学［M］．北京：地质出版社，1996
高秉璋等．花岗岩类区 1∶50 000 区域地质填图方法指南［M］．武汉：中国地质大学出版社，1991
国家地质总局书刊编辑室．区域地质调查野外工作方法（第一分册）：准备工作、一般工作方法、地层［M］．北京：地质出版社，1979
国家地质总局书刊编辑室．区域地质调查野外工作方法（第二分册）：侵入岩、火山岩、沉积岩、变质岩［M］．北京：地质出版社，1980
刘宝珺．沉积岩石学［M］．北京：地质出版社，1980
刘宝珺，曾允孚．岩相古地理基础和工作方法［M］．北京：地质出版社，1985
刘德良等．地球与类地行星构造地质学［M］．合肥：中国科学技术大学出版社，1997
陆润民．计算机绘图原理及运用［M］．北京：清华大学出版社，1996
马文璞．区域构造解析——方法理论和中国板块构造［M］．北京：地质出版社，1992
马杏垣．北京西山的香肠构造［J］．地质评论，1965，23（1）：13～26
马杏垣．解析构造学刍议［J］．地球科学，1983，第3期（总21期）：1～9
马杏垣等．中国前寒武纪构造格架及研究方法［M］．北京：地质出版社，1987
马宗晋，马瑾等．北京西山野溪一带不协调箱状褶曲的研究［J］．地质学报，1965，45（1）：42～54
邱家骧．岩浆岩岩石学［M］．北京：地质出版社，1985
单文琅，宋鸿林等．构造变形分析的理论、方法和实践［M］．武汉：中国地质大学出版社，1991
宋鸿林等．从构造特征论北京西山的印支运动［J］．地质评论，1984，30（1）：77～80
宋鸿林．变质核杂岩研究进展、基本特征及成因探讨［J］．地学前缘，1995，2（1～2）：103～112
宋鸿林．燕山式板内造山带基本特征与动力学探讨［J］．地学前缘，1999，6（4）：309～314
索书田等．我国前寒武纪变质岩的构造特征［J］．地球科学，1987，12（5）：451～462
谭应佳，叶俊林．北京周口店地质及地质教学实习指导书［M］．武汉：武汉地质学院出版社，1987
武汉地质学院测量教研室．测量学［M］．北京：地质出版社，1978
王根元．矿物学［M］．武汉：中国地质大学出版社，1989

王鸿祯．中国地质事业早期史［M］．北京：北京大学出版社，1990

王鸿祯．中国地质科学五十年［M］．武汉：中国地质大学出版社，1999

万天丰．北京西山南大寨-八宝山断裂带的构造特征及形成机理的探讨·地质构造论丛（一）［M］．北京：地质出版社，1981，152～164

魏家庸等．地质矿产部直属单位管理局．沉积岩区 1：50 000 区域地质填图方法指南［M］．武汉：中国地质大学出版社，1991

徐绍铨，张华海，杨志强．GPS 测量原理及应用［M］．武汉：武汉测绘大学出版社，1998

杨逢清，胡昌铭，张克信．沉积地层工作指南［M］．武汉：中国地质大学出版社，1990

杨森楠，杨巍然．中国区域大地构造学［M］．北京：地质出版社，1985

叶良辅．老师作育的成功［J］．地质论评，1947，第十二卷：71～72

野外地质工作参考资料编写组．野外地质工作参考资料［M］．北京：冶金工业出版社，1978

乐昌硕．岩石学［M］．北京：地质出版社，1984

游振东，王方正．变质岩岩石学教程［M］．武汉：中国地质大学出版社，1991

余素玉，何镜宇．沉积岩石学［M］．武汉：中国地质大学出版社，1991

张吉顺，单文琅．北京西山地质研究［M］．武汉：中国地质大学出版社，1990

张克信等．中国地质调查局编．青藏高原区域地质调查野外工作手册［M］．武汉：中国地质大学出版社，2001

赵温霞，曾克峰，李昌年等．周口店地区新型地学教育资源开发利用与配置［J］．地质科技情报，2000，19（1）：50～56

赵温霞，曾克峰．北京西郊十渡地学旅游资源内涵［J］．地质科技情报，2000，19（1）：76

赵温霞．燕山式板内造山作用在北京西山的表现特征及若干启示［J］．地质科技情报，2001，20（2）：23～26

赵温霞，李昌年，欧阳建平．周口店野外地学实验室地质研究与建设新进展［J］．地质科技情报，2001，20（1）：30～34

赵温霞，陈漱瑚，王春阳．周口店野外实习区水文环境及其防污、防毒措施［J］．地质勘探安全，2001，8（1）：31～32

赵温霞，陈漱瑚．论“世界遗产”资源开发利用过程中的环境地质因素及其保护问题［J］．安全与环境工程，2002，9（1）：5～8

郑亚东，常志忠．岩石有限应变测量及韧性剪切带［M］．北京：地质出版社，1985

周正国等．对北京房山岩体填图单位的初步探讨［J］．中国区域地质，1992，第 2 期：156～160

朱志澄．逆冲推覆构造（第二版）［M］．武汉：中国地质大学出版社，1991

朱志澄．构造地质学（第二版）［M］．武汉：中国地质大学出版社，1999

Martin S. Matthews，Carole Beggs Matthews. 轻松学会 CorelDRAW［M］．北京：学苑出版社，1994

Ma Changqian，Wang Renjing and Yang Kunguang. Magmatic Thermodynamic Structures of the Zhoukoudian Granodioritic Intrusion in the Western Hills of Beijing，Field Trip Guide［M］．Beijing：Geological Publishing House，1996

Passchier 等著．朱志澄等译．高级片麻岩区野外地质工作方法［M］．北京：地质出版社，1992

Song Honglin，Fu Zhaoren and Yan Danping. Extensional Tectonics and Metamorphic Core Complex of the Western Hills Beijing，Field Trip Guide［M］．Beijing：Geological Publishing House，1996

Wang Fangzheng and Chen Nengsong. Regional and Thermodynamic Metamorphism of The Western Hills Beijing. Field Trip Guide［M］．Beijing：Geological Publishing House. 1996